Corina Rosu

Le lien entre les cyclones et les bassins versants

Corina Rosu

Le lien entre les cyclones et les bassins versants

L'activité cyclonique au-dessus de bassins versants du Québec

Presses Académiques Francophones

Impressum / Mentions légales

Bibliografische Information der Deutschen Nationalbibliothek: Die Deutsche Nationalbibliothek verzeichnet diese Publikation in der Deutschen Nationalbibliografie; detaillierte bibliografische Daten sind im Internet über http://dnb.d-nb.de abrufbar.

Alle in diesem Buch genannten Marken und Produktnamen unterliegen warenzeichen-, marken- oder patentrechtlichem Schutz bzw. sind Warenzeichen oder eingetragene Warenzeichen der jeweiligen Inhaber. Die Wiedergabe von Marken, Produktnamen, Gebrauchsnamen, Handelsnamen, Warenbezeichnungen u.s.w. in diesem Werk berechtigt auch ohne besondere Kennzeichnung nicht zu der Annahme, dass solche Namen im Sinne der Warenzeichen- und Markenschutzgesetzgebung als frei zu betrachten wären und daher von jedermann benutzt werden dürften.

Information bibliographique publiée par la Deutsche Nationalbibliothek: La Deutsche Nationalbibliothek inscrit cette publication à la Deutsche Nationalbibliografie; des données bibliographiques détaillées sont disponibles sur internet à l'adresse http://dnb.d-nb.de.

Toutes marques et noms de produits mentionnés dans ce livre demeurent sous la protection des marques, des marques déposées et des brevets, et sont des marques ou des marques déposées de leurs détenteurs respectifs. L'utilisation des marques, noms de produits, noms communs, noms commerciaux, descriptions de produits, etc, même sans qu'ils soient mentionnés de façon particulière dans ce livre ne signifie en aucune façon que ces noms peuvent être utilisés sans restriction à l'égard de la législation pour la protection des marques et des marques déposées et pourraient donc être utilisés par quiconque.

Coverbild / Photo de couverture: www.ingimage.com

Verlag / Editeur:
Presses Académiques Francophones
ist ein Imprint der / est une marque déposée de
OmniScriptum GmbH & Co. KG
Heinrich-Böcking-Str. 6-8, 66121 Saarbrücken, Deutschland / Allemagne
Email: info@presses-academiques.com

Herstellung: siehe letzte Seite /
Impression: voir la dernière page
ISBN: 978-3-8381-4351-4

Copyright / Droit d'auteur © 2014 OmniScriptum GmbH & Co. KG
Alle Rechte vorbehalten. / Tous droits réservés. Saarbrücken 2014

L'activité cyclonique au-dessus de bassins versants du Québec

Corina Rosu
Montréal, 2005

À mon fils T h e o d o r ,
qui pendant l'écriture de cet ouvrage, il était très loin pour m'attendre :
bonne nuit, mon petit amour !

TABLE DES MATIERES

LISTE DES FIGURES 6

LISTE DES TABLEAUX 12

RÉSUMÉ 14

INTRODUCTION 15

CHAPITRE I

L'ÉTAT DES CONNAISSANCES 18

1.1 Deux méthodes : les mêmes résultats 19

1.2 L'impact d'ENSO sur l'activité cyclonique 25

1.3 Conclusion 31

CHAPITRE II

MÉTHODOLOGIE 32

2.1 L'algorithme de Sinclair 32

    2.1.1 La description de l'algorithme 32

        2.1.1.1 Le point estimé 34

        2.1.1.2 Les points candidates 36

        2.1.1.3 La probabilité maximale 37

        2.1.1.4 Le premier point 40

        2.1.1.5 Le dernier point 40

2.1.2 Validation..40

    2.1.2.1 Préparation des données..41

    2.1.2.2 Validation avec 4 analyses par jour..42

    2.1.2.3 Validation avec 5 mois de janvier...45

2.2 Méthodes de traitement des donnes...46

    2.2.1 Débit d'apport d'eau des bassins versants..46

    2.2.2 Les caractéristiques des cyclones..51

    2.2.3 Validation..55

2.3 Conclusion...58

CHAPITRE III

LES CARACTÉRISTIQUES DES CYCLONES ET LE DÉBIT D'APPORT D'EAU AU-DESSUS DU QUÉBEC...59

3.1. La présentation des résultats..59

    3.2.1. Le bassin versant de La Grande..60

    3.1.2 Les bassins versants d'Outaouais et de St-Maurice..71

    3.1.3 Le bassin versant de Churchill..80

    3.1.4 Le bassin versant de Manic…...90

3.2. Discussion des résultats..96

    3.2.1. Le bassin versant de La Grande..96

    3.2.2 Les bassins versants d'Outaouais et de St-Maurice..98

    3.2.3 Le bassin versant de Churchill..99

    3.2.4 Le bassin versant de Manic...100

3.3. Conclusions 100

CHAPITRE IV 102

CONCLUSION 102

ANNEXE A
LE VENT GÉOSTROPHIQUE VS LE VENT DE GRADIENT 105

ANNEXE B
LE FILTRE DE CRESSMAN 109

ANNEXE C
ENSO ET L'ACTIVITÉ CYCLONIQUE AU-DESSUS DU QUÉBEC 116

RÉFÉRENCES 122

LISTE DES FIGURES

Figure   Page

1.1   Les trajectoires des tempêtes au-dessus de l'Europe pendant l'année 1999. En rouge, les trajectoires calculées à partir des minima de pression au niveau de la mer et en noir, les trajectoires fonction du tourbillon relatif à 850 hPa. (Hodges et al, 2003) 21

1.2   Le champ du tourbillon géostrophique (en rouge, unité $10^{-5}/s$) vs le champ de pression (en noir, unité hPa) pour le 28 octobre 2003 à 10h, au-dessus de l'Amérique du Nord 23

1.3   La densité de trajectoires (nombre de trajectoires/nombre de mois dans l'unité de surface) pour l'hémisphère Nord calculée par: a) Sinclair avec les ré-analyses NCEP, pour la période NDJFMA 1953-1999 et b) Hodges avec les ré-analyses ECMWF, pour la période DJF 1979-2001. 24

1.4   Comme à la figure 1.3, mais le calcul a été fait pour la densité de genèse. 25

1.5   La comparaison entre les deux indices ENSO, les plus utilisées : MEI et SOI ; a) les valeurs positives de MEI représente la phase chaude (El Niño) et b) les valeurs positives de SOI représentent la phase froide de ENSO. Les données pour le graphique b) ont été prises d'après Commonwealth. 26

1.6   Les vents au niveau du jet-stream : a) pendant un hiver normal et b) et pendant un hiver El Niño (source : site Ifremer, dernière consultation, nov. 2003) 27

1.7   L'impact d'ENSO sur l'activité cyclonique. Chaque étoile avec un contour rouge représente une augmentation et chaque étoile avec un contour bleu représente une diminution. 28

1.8   L'impact ENSO sur les trajectoire de cyclones dans le bassin australien pendant : a) les années neutres; b) les phases chaudes et c) les phases froides (Source : Sinclair, 2002, fig.6) 29

1.9   Variation dans la quantité du nombre de centres cycloniques pendant ENSO : a) El Niño, b) les années neutres et c) La Niña 29

1.10   a) Le nombre d'ouragans au-dessus des États-Unis depuis 1900; b) La fréquence d'ouragans pour la même période 30

2.1 La recherche de la position du point estimé de la trajectoire du cyclone; les points r(t-4δt), r(t-3δt), r(t-2δt) et r(t-δt) sont les positions des centres des cyclones antérieurs à la position au pas de au temps courant r(t). 35

2.2 Le choix d'un point candidat est basé sur la comparaison du tourbillon à ce point à la valeur du tourbillon aux les points voisins dans le cercle de 7° de latitude. Dans cette figure, nous supposons que nous avons trouvé comme points candidats, les points M, N et L. 37

2.3 Un cas particulier pour le choix d'un prochain point sur une trajectoire lorsqu'il y a en même temps deux trajectoires près l'une de l'autre. 39

2.5 Les trajectoires de cyclones qui ont longévité plus grande que 2 jours et dont la valeur du tourbillon est plus grande que $2,5 \cdot 10^{-5} s^{-1}$ 42

2.7 Les trajectoires de cyclones pendant les mois de janvier 78-82 au-dessus de l'hémisphère Nord (latitudes 20° à 90°). a) tracées manuellement en utilisant le champ de pression au niveau moyen de la mer et b) tracées par l'algorithme en utilisant le champ du tourbillon du vent de gradient. Toutes les trajectoires ont une durée de vie plus grande qu'un jour. 44

2.8 Le demi écart-type, le critère permettant de distinguer les années de forte / faible hydraulicité. 48

2.9 L'apport d'eau pour avril, mai et juin normalisé par l'écart-type pour: a.) la rivière La Grande (LG – blanc) et les rivières Outaouais et St-Maurice (OM - noir) et b.) la rivière Churchill (CH -blanc) et pour la rivière Manic (MA - noir). 48

2.10 a) Les positions géographiques des bassins versants qui seront étudiés; b) les rectangles qui couvrent les bassins et pour lesquels seront étudiées les caractéristiques des cyclones... 50

2.11 Dans les cercles de 333 km ; il peut y avoir des cyclones et/ou des trajectoires qui sont comptés plus d'une fois. Les trajectoires et les cyclones qui sont à l'intérieur de la région ombrée seront comptés tant pour le cercle rouge que pour le cercle bleu. 52

2.12 Pour compter toutes les trajectoires qui coupent le cercle de 333 km, on a agrandi le cercle à 777 km. 53

2.13 Pour chaque point de grille il y a huit directions possibles : tous les cyclones pour lesquels l'azimut est à l'intérieur d'un secteur du cercle formeront une seule direction ; par exemple, tous les cyclones qui ont un azimut entre 0° et 45° seront compter comme les cyclones qui viennent de la direction ouest-sud-ouest (E). 55

2.14 a) La densité de cyclones obtenue par Sinclair (2002) pour la période 1953-1999 (NDJFMA) et b) la densité de cyclones obtenue d'après nos calculs pour la période 1960-1999 (NDJFMA). La même chose pour la densité de trajectoires : c) Sinclair et d) notre calcul. Le seuil impose pour VCRIT est de $1*10^{-5}$ pour toutes les cartes.................. 57

3.1 La densité de cyclones et de trajectoires de LG pour : (a, e) la période humide et (b, f) la période sèche. La différence entre les deux périodes pour : (c) la densité de cyclones et (d) la densité de trajectoires... 62

3.2 La densité de cyclones intenses de LG pour : (a) la période humide, (b) la période sèche et (c) la différence entre les deux périodes. La moyenne de l'intensité de LG pour : (e) la période humide, (f) la période sèche et (d) la différence entre les deux périodes.. 63

3.3 La circulation moyenne de LG pour : (a) la période humide, (b) la période sèche et (c) la différence entre les deux périodes. La vitesse moyenne de déplacement de LG pour : (e) la période humide, (f) pour la période sèche et (d) la différence entre les deux périodes. 64

3.4 (a) La distribution mensuelle des centres cycloniques et (b) l'intensité moyenne mensuelle dans le rectangle (lg). En noir – la période humide (LG_H) - et en blanc – la période sèche (LG_S). 65

3.5 L'évolution des statistiques pour les trois mois (NMM). La densité de cyclones intenses de LG pour : (a) la période humide, (b) la période sèche et (c) la différence entre les deux périodes. La moyenne de l'intensité de LG pour : (e) la période humide, (f) la période sèche et (d) la différence entre les deux périodes.. 68

3.6 L'évolution des statistiques pour les trois mois (NMM). La densité de cyclones intenses de LG pour : (a) la période humide et (b) la période sèche et (c) la différence entre les deux périodes. La vitesse moyenne de déplacement de LG pour : (e) la période humide, (f) la période sèche et (d) la différence entre les deux périodes............................ 69

3.7 Moyenne de la différence (période humide moins période sèche) de la densité de cyclones en fonction de la direction pour le rectangle couvrant le bassin La Grande, normalisée par le nombre de mois : a) pour NMM et b) pour DJFA. Le calcul a été fait pour tous les points de grille inclus dans le rectangle (dix points de grille). 70

3.8 La densité de cyclones et de trajectoires de OM pour : (a, e) la période humide et (b, f) la période sèche. La différence entre les deux périodes pour : (c) la densité de cyclones et (d) la densité de trajectoires... 72

3.9 La densité de cyclones intenses de OM pour : (a) la période humide, (b) la période sèche et (c) la différence entre les deux périodes. L'intensité moyenne de OM pour : (e) la période humide, (f) la période sèche et (d) la différence entre les deux périodes.. 73

3.10 La circulation moyenne de OM pour : (a) la période humide, (b) la période sèche et (c) la différence entre les deux périodes. La vitesse moyenne de déplacement de OM pour : (e) la période humide, (f) la période sèche et (d) la différence entre les deux périodes. 74

3.11 (a) La distribution mensuelle des centres cycloniques et (b) l'intensité moyenne mensuelle dans le rectangle (om). En noir – la période humide (OM_H) - et en blanc – la période sèche (OM_S). 75

3.12 L'évolution des statistiques pour les trois mois (MAM). La densité de cyclones et de trajectoires de OM pour : (a, e) la période humide et (b, f) la période sèche. La différence entre les deux périodes pour : (c) la densité de cyclones et (d) la densité de trajectoires.... 77

3.13 L'évolution des statistiques pour les trois mois (MAM). La densité de cyclones intenses de OM pour : (a) la période humide, (b) la période sèche et (c) la différence entre les deux périodes. La vitesse moyenne de déplacement de OM pour : (e) la période humide, (f) la période sèche et (d) la différence entre les deux périodes. 78

3.14 Moyenne de la différence (période humide moins période sèche) de la densité de cyclones en fonction de la direction pour les bassins Outaouais et St-Maurice, normalisée par le nombre de mois : a) pour MAM et b) pour NDJF. Le calcul a été fait pour tous les points de grille inclus dans le rectangle (huit points de grille). 78

3.15 La densité de cyclones et de trajectoires de CH pour : (a, e) la période humide et (b, f) pour la période sèche. La différence entre les deux périodes pour : (c) la densité de cyclones et (d) la densité de trajectoires. 82

3.16 La densité de cyclones intenses de CH pour : (a) la période humide, (b) la période sèche et (c) la différence entre les deux périodes. L'intensité moyenne de CH pour (e) la période humide, (f) la période sèche et (d) la différence entre les deux périodes. 83

3.17 La circulation moyenne de CH pour : (a) la période humide, (b) la période sèche et (c) la différence entre les deux périodes. La vitesse moyenne de déplacement de CH pour : (e) la période humide, (f) la période sèche et (d) la différence entre les deux périodes. 84

3.18 (a) La distribution mensuelle des centres cycloniques et (b) l'intensité moyenne mensuelle dans le rectangle (ch). En noir – la période humide (CH_H) - et en blanc – la période sèche (CH_S). 85

3.19 L'évolution de statistiques pour les trois mois (NMM). La densité de cyclones et de trajectoires de CH pour : (a, e) la période humide et (b, f) pour la période sèche. La différence entre les deux périodes pour : (c) la densité de cyclones et (d) la densité de trajectoires. 88

3.20 L'évolution de statistiques pour les trois mois (NMM) La densité de cyclones intenses de CH pour : (a) la période humide, (b) la période sèche et (c) la différence entre les deux périodes. La vitesse moyenne de déplacement de CH pour : (e) la période humide, (f) la période sèche et (d) la différence entre les deux périodes. 89

3.21 La moyenne de la différence (période humide moins période sèche) de la densité de cyclones en fonction de la direction pour le bassin Churchill, normalisée par le nombre de mois : a) pour NMM et b) pour DJFA. Le calcul a été fait pour tous les points de grille inclus dans le rectangle (six points de grille)..90

3.22 La densité de cyclones et de trajectoires de MA pour : (a, e) la période humide et (b, f) pour la période sèche. La différence entre les deux périodes pour : (c) la densité de cyclones et (d) la densité de trajectoires. 92

3.23 La densité de cyclones intenses de MA pour : (a) la période humide, (b) la période sèche et (c) la différence entre les deux périodes. L'intensité moyenne de MA pour : (e) la période humide, (f) la période sèche et (d) la différence entre les deux périodes............ 93

3.24 La circulation moyenne de MA pour : (a) la période humide, (b) la période sèche et (c) la différence entre les deux périodes. La vitesse moyenne de déplacement de MA pour : (e) la période humide, (f) la période sèche et (d) la différence entre les deux périodes. 94

3.25 (a) La distribution mensuelle des centres cycloniques et (b) l'intensité moyenne mensuelle dans le rectangle (ma). En noir – la période humide (MA_H) - et en blanc – la période sèche (MA_S). 95

3.26 La différence (période humide moins période sèche) de la densité de cyclones en fonction de la direction pour le bassin Manic, normalisée par le nombre de mois. Le calcul a été fait pour tous les points de grille inclus dans le rectangle (quatre points de grille). 96

A.1 Le champ de tourbillon géostrophique près de la surface calculé d'après les solutions algébriques de l'équation (A.3) (en rouge, intervalle $2*10^{-5}$/s) et calculé d'après l'équation (A.5) (en bleu, intervalle $2*10^{-5}$/s). Les lignes noires représentent la grille................107

A.2 Le champ du tourbillon géostrophique près de la surface a) calculé d'après l'équation (A.3) - GE (en rouge, intervalle $2*10^{-5}$/s) et b) calculé d'après l'équation (A.5) - VG (en bleu, intervalle $2*10^{-5}$/s)... 108

B.1 Le point de grille ébauche est représenté par le point rouge (i) et les observations sont représentées par les points de grille noirs (j et l). $d_{i,j}$ et $d_{i,l}$ représentent les distances entre les points i et j et entre les points i et l respectivement. Comme $d_{i,l} \geq r_0$, la valeur du point l n'influence pas la valeur au point de grille i............................. 110

B.2 Réponse de la fonction poids $w_i(j)$ du filtre de Cressman................................. 112

B.3 Réponse du filtre de Cressman dans le domaine des longueurs d'onde, $\lambda=n\Delta x$ Le calcul a été fait pour $\lambda x=\lambda y$ avec $\Delta x=180$ km, la distance entredeux points voisins à la latitude 60°. La ligne continue représente la réponse du filtre en 1D et la ligne tiretée, la réponse en 2D. 114

B.4 Réponse du de Cressman en fonction du de lissage, r_o dans le domaine des longueurs d'onde, $\lambda=n\Delta x$ ($\Delta x=180$ km à la latitude 60°). Cas 2D. 115

C.1 Les différences des caractéristiques des cyclones au-dessus du Québec pendant El Niño/Neutres : (a) la densité de cyclones, (b) la densité de trajectoires, (c) la densité de cyclones intenses, (d) la circulation moyenne, (e) la vitesse moyenne de déplacement et (f) l'écart-type de précipitions par rapport à la normale.. 119

C.2 Comme la figure C.2 mais pour les différences La Niña/Neutres. 120

LISTE DES TABLEAUX

Tableau   Page

1.1   Caractéristiques des algorithmes de Sinclair et l'algorithme de Hodges.................19

2.1   Valeurs des fonctions poids qu'on trouve dans l'algorithme pour un nombre différent d'analyses par jour. 35

2.2   En rouges les années de forte hydraulicité, en bleu les années de faible hydraulicité et en noir les normales concernant l'apport d'eau dans la rivière La Grande (LG).. 49

2.3   Comme le tableau 2.2 mais pour les rivières Outaouais et St-Maurice (OM)............ 49

2.4   Comme le tableau 2.3 mais pour la rivière Churchill (CH). 49

2.5   Comme le tableau 2.4 mais pour la rivière Manic (MA). 50

2.6   Les principales différences entre la manière de trouver les densités d'après Sinclair et d'après les mesures proposées dans ce mémoire. 56

3.1   Les caractéristiques des cyclones du rectangle (lg) qui couvre la région LG pour les deux périodes d'hydraulicité (humide/sèche) calculées sur les 7 mois et sur les 3 mois de forte activité cyclonique respectivement. La moyenne mensuelle est indiquée entre parenthèses..66

3.2   Les caractéristiques des cyclones du rectangle (om) qui couvre la région OM pour les deux périodes de hydraulicité (humide/sèche) calculées sur 7 mois et sur 3 mois de forte activité cyclonique respectivement (MAM : mars, avril et mai). La moyenne mensuelle est indiquée entre parenthèses. 76

3.3   Les caractéristiques des cyclones du rectangle (ch) qui couvre la région CH pour les deux périodes d'hydraulicité (humide/sèche) calcule sur les 7 mois et sur les 3 mois de forte activité cyclonique respectivement. La moyenne mensuelle est indiquée entre parenthèses.. 86

C.1 En rouge les années El Niño, en bleu les années La Niña et en noir les années neutres ; source Environnement Canada 116

C.2 Les valeurs mensuelles au-dessus du Québec pour les trois périodes d'ENSO. 118

RÉSUMÉ

Une amélioration et une validation d'un algorithme pour tracer les trajectoires de cyclones (Sinclair, 1994) sont proposées ici afin de trouver les liens qui existent entre les caractéristiques des cyclones et l'hydraulicité observée au-dessus du Québec. Parce qu'il permet une meilleure détection des cyclones dans leur phase initiale, on a choisi comme paramètre d'identification des cyclones le tourbillon du vent de gradient à 1000 hPa. L'organisation des centres cycloniques le long d'une trajectoire sera une combinaison de l'historique du mouvement de ceux-ci et d'une prédiction produite à partir du vent à 500 hPa et des valeurs de pression, de tourbillon et de position du cyclone au moment présent. Nous étudierons les caractéristiques des cyclones à partir de différentes statistiques (la densité de cyclones, de trajectoires et de cyclones intenses et la moyenne de la circulation, de l'intensité et de la vitesse du déplacement des cyclones, la densité de cyclones et la moyenne d'intensité selon la direction). Ensuite nous ferons une comparaison des différentes caractéristiques des cyclones et des informations concernant la hydraulicité (fournies par Hydro Québec). Par l'analyse des résultats, nous montrons que plusieurs facteurs reliés aux cyclones contribuent à l'hydraulicité (apport d'eau dans les bassins versants); parmi les plus importants on trouve la densité de cyclones et de trajectoires et la moyenne de la vitesse du déplacement des cyclones.

Mots clés : tourbillon, cyclone, trajectoire, densité, moyenne, hydraulicité.

INTRODUCTION

Les cyclones représentent une composante importante du climat parce qu'ils sont responsables d'une grande partie de l'évolution du temps. De plus, ils sont à l'origine des événements violents tels que les tempêtes et les ouragans. Au fil des années, des efforts considérables ont été déployés pour voir quelles sont les régions et la période annuelle propices à l'activité cyclonique (les zones d'apparition, de disparition et de passage, les zones de forte intensité, etc.).

Au cours des dernières années, un intérêt particulier a été dévolu à l'automatisation de la recherche de la distribution temporelle et spatiale des cyclones. Ainsi, à l'aide des algorithmes, on peut maintenant trouver et compter les cyclones et suivre leurs trajectoires. Pour tracer les trajectoires des cyclones, on doit d'abord identifier objectivement les systèmes cycloniques et ensuite mettre ces systèmes en trajectoires à l'aide de quelques conditions limites imposées au préalable. Le paramètre utilisé pour identifier un cyclone est différent selon les auteurs : la pression (Lambert, 1988), le tourbillon géostrophique près de la surface à 1000 hPa (Murray et Simmonds, 1991a; Sinclair, 1994), le tourbillon de vent de gradient (Sinclair, 1997) ou le tourbillon relatif à 850 hPa (Hodges, 1994). Aussi, pour avoir une meilleure compréhension de l'activité cyclonique, plusieurs mesures statistiques sont calculées dont la densité de cyclones, la densité de trajectoires, le cycle de vie, l'intensité du cyclone. Si au début ces statistiques ont été faites pour une courte période - sept années (Sinclair, 1994) ou bien onze années (Hodges, 1994) – il existe maintenant des statistiques pour à peu près toute la dernière moitié du XXe siècle (Sinclair, 2003; Hodges, 2003; Hurrell et Dickson, 2001).

Pour avoir une meilleure compréhension de la variabilité du climat, différents chercheurs ont essayé de trouver une relation entre le comportement de l'activité cyclonique et la circulation générale observée. Ainsi, un lien a été établi entre le comportement des cyclones et les grands phénomènes d'oscillation :

1. ENSO - soit pour une région donnée (Sinclair, 2002), soit pour les deux hémisphères (Sinclair, 2003);
2. NAO - pour tout l'hémisphère Nord (Hurrell et Dickson, 2001)

De leur côté, Sinclair et Watersson (1999) ont essayé de faire une projection de l'activité cyclonique dans un scénario de changement climatique.

Les mesures des caractéristiques des cyclones peuvent également servir à la validation des modèles de climat en évaluant comment ces mesures calculées à partir des sorties de modèles se rapprochent de celles calculées à partir des observations du climat présent.

Jusqu'à maintenant, le comportement cyclonique a été étudié pour de vastes régions : soit pour un hémisphère (Hodges, 1995, 2003), soit pour les deux (Sinclair, 2003), mais dans tous les cas, il est difficile de distinguer les détails pour les zones moins vastes comme un pays ou une région. L'accent a surtout été mis sur l'évolution hivernale nord hémisphérique du comportement cyclonique soit pour 6 mois (NDJFMA) (Lambert, 1996; Sinclair, 2003) soit pour les trois mois d'hiver seulement (Hodges, 1995) ou soit sur l'évolution des tempêtes (Hurrell et Dickson, 2001). Il s'impose maintenant d'employer des algorithmes pour tracer des trajectoires pour des régions moins vastes mais d'un intérêt plus important pour les gens qui vivent dans ces régions et aussi de voir quelle est la variabilité mensuelle de l'activité cyclonique.

À la fin de 2003, nous avons implanté et modifié l'algorithme de Sinclair pour tracer les trajectoires des cyclones. Pour visualiser et valider les trajectoires obtenues avec cet algorithme, et aussi pour mieux comprendre leurs caractéristiques, nous avons créé plusieurs logiciels qui nous permettent d'obtenir des mesures statistiques qu'on trouve dans la littérature : la densité de cyclones, la densité de trajectoires, l'intensité moyenne des cyclones, la densité de cyclones intenses, etc. Les régions pour lesquelles nous calculerons ces statistiques couvrent à peu près tout l'hémisphère Nord (l'aire située entre 20° et 90° de latitude) et, en particulièrement, la région du Québec. Cet exercice vise trois objectifs : 1) retrouver ce qui a été déjà rapporté jusqu'à maintenant dans la littérature et valider les changements que nous avons apporté à l'algorithme de Sinclair; 2) trouver un lien entre l'activité cyclonique et l'apport d'eau dans les bassins versants du Québec; 3) trouver un lien entre les trois mois d'hiver (DJF) des années El Niño/La Niña et les caractéristiques des cyclones (*voir* Ann. C). Pour identifier les cyclones, le champ du tourbillon du vent de gradient à 1000 hPa a été calculé à partir de ré-analyses NCEP (4/jour) et les données d'apport d'eau sont fournies par Hydro Québec.

Nous débuterons notre démarche en jetant un coup d'œil sur l'état des connaissances relatives à notre étude. Dans le premier chapitre nous ferons une brève comparaison entre les deux méthodes les plus couramment utilisées pour tracer les trajectoires de cyclones et ensuite nous présenterons les approches utilisées pour décrire les impacts d'ENSO et de NAO sur le comportement cyclonique. Au chapitre II, l'algorithme de Sinclair, décrit de façon détaillée, est validé pour une période de deux mois (avec quatre analyses par jour). Une autre validation de l'algorithme de Sinclair sera effectuée en comparant les résultats obtenus par ce code aux résultats obtenus manuellement pour cinq mois de janvier (Laprise et Zwack, 1992). À la fin du chapitre II, nous décrirons le traitement des données qui sera à l'origine des différents histogrammes et statistiques. Une dernière validation de l'algorithme se fera par la comparaison des résultats de densités de cyclones et de trajectoires obtenues par Sinclair avec ceux obtenus par nous. Pour terminer, une discussion des résultats permettra de trouver un lien entre le facteur d'hydraulicité des bassins versants du Québec et les caractéristiques des cyclones pour les mêmes régions.

CHAPITRE I

L'ÉTAT DES CONNAISSANCES

L'évolution du temps, et en particulier le comportement des événements violents (les tempêtes, les ouragans), sont associés à l'activité cyclonique. Des efforts considérables pour identifier les régions favorables et la période annuelle propice à l'activité cyclonique ont été déployés.

Au cours des années 90, un intérêt particulier a été dévolu pour automatiser la recherche de la distribution temporelle et spatiale des cyclones. Ainsi, des algorithmes ont été spécialement conçus pour trouver et compter les cyclones et pour suivre leurs trajectoires. Pour avoir une meilleure compréhension de l'activité cyclonique, on introduit quelques densités de probabilité dont la densité de trajectoires, la densité de cyclones, etc (*voir* art. 2.2.2).

Ce chapitre est divisé en trois sections. Nous présenterons d'abord une brève comparaison entre les deux méthodes les plus importantes de traçage des trajectoires de dépressions : la méthode de Hodges et la méthode de Sinclair. Des résultats précédemment obtenus par ces deux auteurs seront comparés. Ensuite, nous verrons quel est l'impact d'ENSO sur l'activité cyclonique. Finalement, le chapitre se termine par une brève conclusion.

1.1 Deux méthodes : les mêmes résultats

Ce sous-chapitre débute par une brève comparaison entre deux méthodes de traçage de trajectoires de cyclones, les méthodes de Sinclair et de Hodges. Le tableau 1.1 nous indique que ces deux méthodes ont été publiées en même temps dans la même revue scientifique.

Tableau 1.1
Caractéristiques des algorithmes de Sinclair et l'algorithme de Hodges.

	Sinclair	Hodges
L'année de publication	1994 (Mon. Wea. Rev, 122, 2239/2256)	94/95 (Mon. Wea. Rev, 122, 2573/2586, 123,458/3465))
Les améliorations	1995, 1997	1996, 1999
L'étude	– Trajectoires des cyclones /anticyclones: le tourbillon géostrophique (ζ_g)/le tourbillon du vent de gradient à la surface, (ζ_{gr}) – la pression (PSML)	Trajectoires des cyclones/anticyclones : le tourbillon relatif à 850 hPa (ζ_{850})
La base de l'algorithme	Murray et Simmonds (Aust. Met. Mag., 39, 155/166)	Sethi et Jain (IEEE Trans. PAMI, 9, 56/73) Salari et Sethi (IEEE Trans. PAMI, 12, 87/91)
Les périodes analysées	4 : 1980/86 (deux/jour, ECMWF) 3 : 1953/99 (NH; quatre/jour, réanalyses NCEP)	1994 : 1979/88 (quatre/jour, ECMWF) 2002 : 1979/01 (ECMWF) 2003 : 1948/03 (NH; réanalyses NCEP)

L'algorithme de Hodges a été développé en plusieurs étapes, la dernière (Hodges, 1999) étant une amélioration de l'œuvre antérieure et une explication plus détaillée de son algorithme. Deux techniques sont à la basse de sa méthode : la première est l'algorithme de traitement d'image de Sethi et Jain (1987), la deuxième est une transposition par Salari et Sethi (1990) de l'algorithme de Sethi et Jain dans les termes météorologiques (pour suivre les objets météorologiques).

La méthode procède en deux étapes; la première étant la recherche des points caractéristiques (feature point), qui répondent à des critères définis au préalable et la deuxième étant de trouver les liaisons existant entre tous ces points. Pour la présente étude, ces points caractéristiques sont les centres des dépressions.

L'identification des phénomènes qui se propagent (les objets météorologiques) est basée sur un ensemble d'options et de contraintes permettant de délimiter et de focaliser le domaine de recherche. Les liaisons entre les points de représentations (la recherche des trajectoires) sont basées sur la minimisation d'une fonction coût. Pour chaque trajectoire potentielle, la déviation de la trajectoire se fait en direction et en vitesse. Cette déviation, nommée la déviation locale, est spécifique pour chaque trajectoire et pour chaque point de la trajectoire. Elle est contrainte par une limite supérieure de déplacement (la plus simple contrainte utilisée par Hodges; une contrainte qui a été améliorée en 2002 - Hodges et Hoskin, 2002 - en tenant compte des différentes vitesses de déplacement des systèmes, en fonction de la latitude).

Aussi Hodges, pour obtenir une meilleure identification des systèmes cycloniques et pour éviter les problèmes reliés à l'orographie, a utilisé le champ du tourbillon relatif à 850 hPa. Pour montrer que le champ du tourbillon est meilleur que la pression concernant l'identification des cyclones, Hodges (2003) ajoute la carte de l'Europe avec toutes les trajectoires de cyclones intense pendant le mois de décembre de l'année 1999. Dans la fig. 1.1 on observe que la pression au niveau moyen de la mer n'est pas un bon champ pour détecter les systèmes cycloniques à leurs étapes initiales quand les systèmes sont encore des perturbations très petites et peu profondes. Dans ces cas importants, les cyclones sont devenus fermes que dans les moments juste avant le développement explosif.

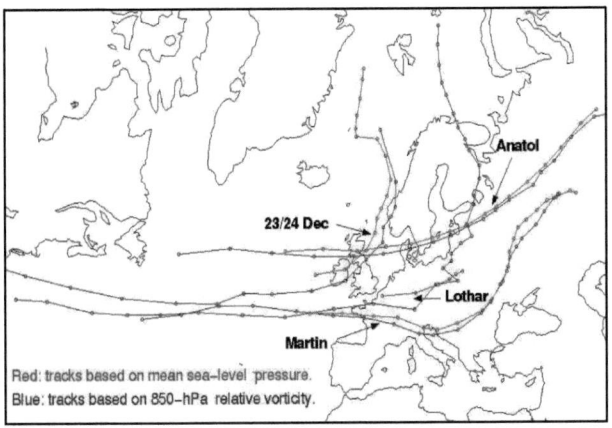

Figure 1.1 : Les trajectoires des tempêtes au-dessus de l'Europe pendant l'année 1999. En rouge, les trajectoires calculées à partir des minima de pression au niveau de la mer et en noir, les trajectoires fonction du tourbillon relatif à 850 hPa. (Hodges et al, 2003)

L'algorithme de Sinclair s'inspire de la méthode de Murray et Simmonds (1991a). Cet algorithme est plus « météorologique », donc plus facile à comprendre. Leur méthode est basée sur la découverte des dépressions à partir des données de grille, c'est-à-dire qu'un cyclone est considéré être présent à n'importe quel point de la grille où il y a un minimum de pression par rapport aux voisins. Le principe de recherche des trajectoires consiste en une recherche du centre de chaque cyclone dans un cercle de rayon convenable autour de la position du cyclone et de la mise en concordance aux positions prévues.

Sinclair (1994) continuera la stratégie de Murray et Simmonds (1991a) : il va emprunter la technique pour trouver les concordances des positions d'un cyclone à des pas de temps consécutifs; ainsi, la trajectoire d'un cyclone se trouve en essayant de mettre en concordance trois caractéristiques d'un point (appelé « point estimé ») relié au centre du cyclone au temps présent t avec les même caractéristiques du centre du cyclone au temps suivant, $t+\delta t$. Donc, pour chaque cyclone au temps t, il y a une triple prédiction nécessaire pour trouver le prochain point de la trajectoire : de position, de pression (en reprenant les formules de Murray et Simmonds, 1991a) et de tourbillon.

Lorsqu'une concordance a été réalisée (entre la prédiction et les analyses suivantes dans le temps) on peut connaître la position du prochain point de la trajectoire (*voir* sect. 2.1).

L'utilisation du tourbillon géostrophique près de la surface comme critère d'identification des systèmes cycloniques permet de trouver un nombre important de cyclones ouverts, en plus des cyclones fermés (pour l'hémisphère Sud), qui ne peuvent être identifiés en utilisant le minimum de pression au niveau moyen de la mer comme critère (Sinclair, 1994). Pour illustrer cette idée, sur la figure 1.2 (pour l'hémisphère Nord où il y a aussi des cyclones ouverts) ont été tracés les champs de pression et de tourbillon géostrophique. Cette carte montre que le nombre de cyclones est plus grand lorsqu'on utilise le tourbillon géostrophique comme critère de définition que la simple pression. En effet, avec ce critère, il y a, en plus des cyclones fermés, les cyclones ouverts A, B et C. Plus tard (1997), Sinclair propose l'introduction d'un autre champ pour identifier les cyclones : le tourbillon du vent de gradient qui tient compte de la courbure du cyclone, ce qui rendre la recherche des centres cycloniques plus exacte (Sinclair, 1997). Dans ce contexte, il conclut que les valeurs du tourbillon du vent de gradient sont plus petites que les valeurs du tourbillon géostrophique (*voir* aussi Annexe A). En prenant en considération les observations de Sinclair, nous utiliserons dans cette étude le tourbillon du vent de gradient.

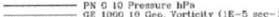
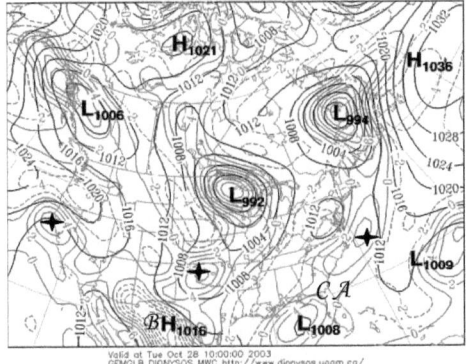

Figure 1.2 : Le champ du tourbillon géostrophique (en rouge, unité $10^{-5}/s$) vs le champ de pression (en noir, unité hPa) pour le 28 octobre 2003 à 10h, au-dessus de l'Amérique du Nord.

Sinclair a proposé (Sinclair, 1994, 1997) deux mesures pour caractériser les systèmes cycloniques : la densité de cyclones (le nombre de centres de tourbillon de vent de gradient ζ_{gr} par unité de surface) et la densité de trajectoires (le nombre de trajectoires de cyclones passant près d'un point donné par unité de surface). Par la suite, il a ajouté deux autres mesures (Sinclair, 2003) : la densité de genèse (le premier point de la trajectoire : point de naissance) et la densité de dissolution (le dernier point de la trajectoire). Toutes les densités ont été calculées sur des cercles de rayon de 555 km (5 degrés de latitude). De son côté, Hodges a choisi les mêmes mesures, appliquées aux mêmes cercles de rayons de 555 km en y ajoutant deux autres mesures (Hodges, 1994): la moyenne de la vitesse (moyenne de la vitesse de tous les cyclones qui passent par l'unité de surface choisie) et la moyenne du cycle de vie (moyenne de la durée de vie de tous les cyclones qui passent par la même surface).

Pour finir la comparaison entre les deux méthodes, nous analyserons ici la densité de trajectoires (*voir* fig. 1.3) et la densité de genèses (*voir* fig. 1.4). Il est à noter que les résultats ont été obtenus dans des conditions et pour des périodes différentes; les résultats de Sinclair (Sinclair, 2003) s'appliquent à la période hivernale 1953-1999 (NDJFMA) et ont été obtenus à partir des ré-analyses

NCEP (quatre par jour) tandis que les résultats de Hodges (Hodges et al, 2002) s'appliquent à la période hivernale 1979-2001 (DJF) et ont été obtenus à partir des ré-analyses ECMWF (quatre par jour).

Comme on l'observe sur la figure 1.3, les deux auteurs ont obtenus les bandes majeurs des trajectoires de cyclones : une bande dans le Pacifique Nord et l'autre au- dessus de l'Atlantique. Aussi, voit-on qu'il y a un maximum au-dessus de la Mer Méditerranée et un autre au-dessus de l'Asie centrale. Même s'il y a des différences (comme au Pôle Nord où dans le résultat de Sinclair on voit une grande densité) on peut conclure que les deux résultats sont qualitativement similaires.

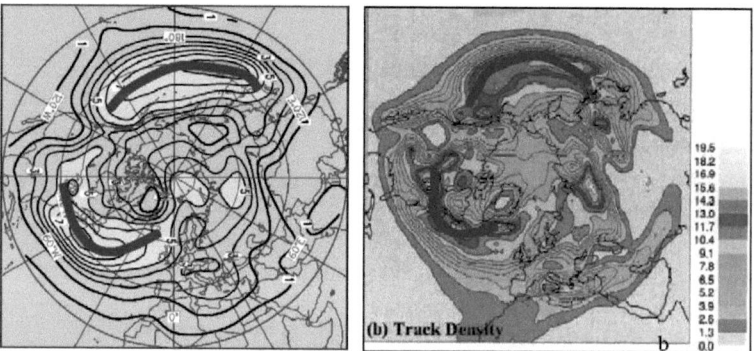

Figure 1.3 : La densité de trajectoires (nombre de trajectoires/nombre de mois dans l'unité de surface) pour l'hémisphère Nord calculée par: a) Sinclair avec les ré- analyses NCEP, pour la période NDJFMA 1953-1999 et b) Hodges avec les ré- analyses ECMWF, pour la période DJF 1979-2001.

La figure 1.4 révèle de grandes similarités entre les résultats obtenus par les deux méthodes concernant la densité de genèse. Ainsi, on distingue plusieurs maxim communs tels que le maximum au-dessus des Rocheuses qui se prolonge jusqu'au centre des États-Unis, le maximum au-dessus de Gulf Stream, le maximum dans la mer Ligurienne en Méditerranée ou bien le maximum situé sur la côte Est de Kuroshio. On note cependant des différences au-dessus de Himalaya ou au nord du Groenland.

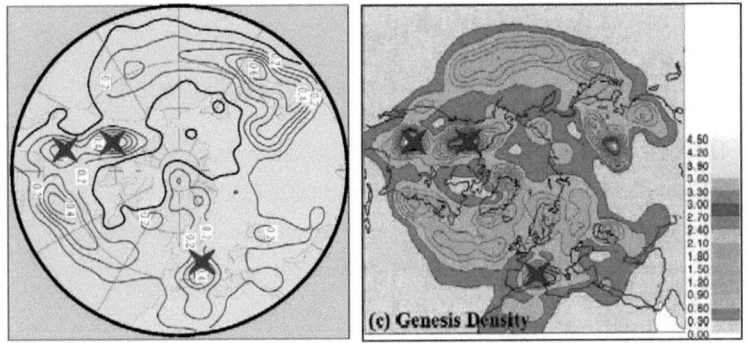

Figure 1.4 : Comme à la figure 1.3, mais le calcul a été fait pour la densité de genèse.

1.2 L'impact d'ENSO sur l'activité cyclonique

La connaissance du phénomène El Niño a débuté de manière empirique et progressive à partir du XVème siècle et a été approfondie par les scientifiques du dernier siècle (océanographes, météorologues, etc.). Les progrès dans la compréhension des mécanismes d'El Niño sont reliés à la capacité des techniques d'observation et d'enregistrement des données. On ne discutera pas ici des mécanismes du phénomène El Niño/Oscillation Australe (ENOA, sous sa forme anglaise, ENSO), mais rappelons que le phénomène ENSO découle du couplage entre le courant océanique dans le Pacifique et la circulation atmosphérique. Plus précisément, lors d'une année El Niño, un courant marin exceptionnellement chaud au large du Pérou (EN) est associé à une variation du gradient de pression atmosphérique dans le Pacifique (OA) (pour plus de détails, voir Demoraes, 1999).

Un des indicateurs du phénomène El Niño est l'indice de l'oscillation australe; l'indice SOI (SOI : Southern Oscillation Index). Cet indice caractérise les changements de pression atmosphérique entre l'est et l'ouest du Pacifique, plus précisément, c'est la différence de pression entre Tahiti, dans le Pacifique central, et Darwin, en Australie. Un indice positif (Oscillation Australe) correspond à la phase froide (La Niña); durant cette phase, la pression est plus élevée dans l'est du Pacifique qu'à l'ouest, ce qui engendre des alizés de surface (vent d'est) très intenses. Un indice négatif correspond à la phase chaude (El Niño); durant cette phase, la pression à l'est diminue et augmente à l'ouest, d'où une diminution de la force des alizés de surface. Cette phase est caractérisée par des températures de surface plus élevées que la normale, des alizés faibles et de fortes pluies (dans le Pacifique Central).

Depuis 1950, les événements El Niño sont caractérisés à l'aide de l'indice ENSO multivarié ou MEI (Multivariate Enso Index). Cet indice est meilleur que l'indice SOI parce qu'il tient compte de plusieurs facteurs et non seulement de la pression; il est moyenné sur des périodes de deux mois et est calculé à partir des valeurs de six paramètres, sur le Pacifique tropical :

o La pression de surface
o Les composantes zonale et méridienne du vent de surface
o La température de surface de la mer
o La température de l'air en surface
o La couverture nuageuse (la nébulosité)

La figure. 1.5a présente l'indice de MEI à partir de 1950. La figure 1.5b présente l'indice SOI, calculé en utilisant les données du Commonwealth, à partir de 1876. Dans notre travail concernant les années El Niño/La Niña, nous utiliserons la classification d'Environnement Canada basée sur l'indice MEI.

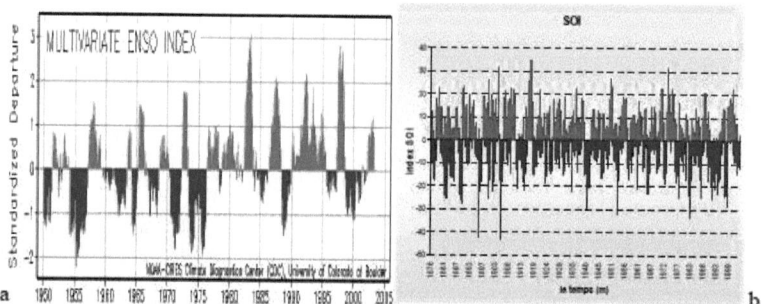

Figure 1.5 : La comparaison entre les deux indices ENSO, les plus utilisées : MEI et SOI ; a) les valeurs positives de MEI représente la phase chaude (El Niño) et b) les valeurs positives de SOI représentent la phase froide de ENSO. Les données pour le graphique b) ont été prises d'après Commonwealth (dernière consultation 10/2003).

Suite aux évènements dévastateurs provoqués par les ouragans/tempêtes reliés à ENSO, la plupart des études se sont limitées à la réponse des cyclones intenses aux conditions d'El Niño/La Niña. Pour une meilleure visualisation, un assemblage de toute cette recherche est présenté à la figure 1.7.

Un premier impact observé dans l'activité cyclonique lors d'un hiver El Niño est la modification de la trajectoire du jet-stream sur la côte Ouest canadienne. Habituellement, pendant un hiver normal, le jet-stream est à peu près parallèle aux cercles latitudinaux mais, pendant une période d'El Niño, il devient recourbé vers le nord avant d'entrer sur le continent (*voir* fig. 1.6 et aussi le site de Ifremer –dernière consultation nov. 2003). Il faut donc en période d'El Niño s'attendre à une déviation des trajectoires des cyclones (*voir* fig. 2.7).

L'impact bien connu au niveau du bassin Atlantique lors d'un événement El Niño consiste en une diminution de la genèse des ouragans (Lander, 1994), (*voir* fig. 1.7 l'étoile bleu avec contour bleu).

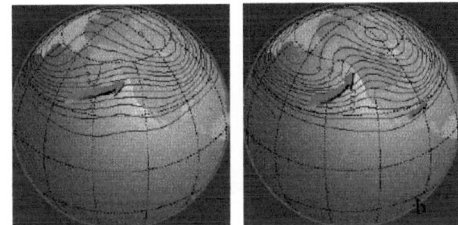

Figure 1.6 : Les vents au niveau du jet-stream : a) pendant un hiver normal et b) et pendant un hiver El Niño (source : site Ifremer, dernière consultation, nov. 2003).

Dans les bassins Pacifique Nord-Ouest et Pacifique Sud-Ouest, on observe pendant un épisode El Niño un changement de localisation des cyclones tropicaux sans que leur fréquence en soit affectée (voir fig. 1.7 : l'étoile rouge) (Chan, 1985 et Lander, 1994).

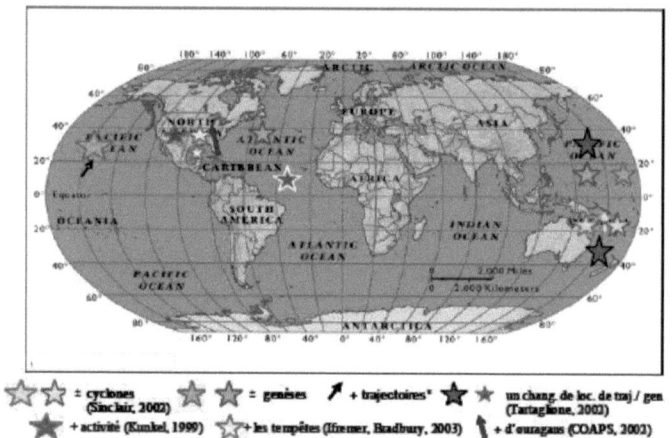

Figure 1.7 : L'impact d'ENSO sur l'activité cyclonique. Chaque étoile avec un contour rouge représente une augmentation et chaque étoile avec un contour bleu représente une diminution. De l'autre côté du Pacifique, dans la zone nord, de 140°O à 180°O, on note une augmentation des genèses de cyclones (Figure 1.7 - l'étoile bleu avec le contour rouge) et les trajectoires de cyclones étaient plus nombreuses dans l'année suivant un épisode El Niño (Schroeder et Yu, 1995).

Si on se limite à la zone directement affectée par l'ENSO, on constate qu'il y a une diminution des cyclones tropicaux (voir fig. 1.7 : l'étoile jaune avec le contour bleu) dans la zone sud située entre 145°E et 165°E et une augmentation dans la zone sud située entre 165°E – 180°E (voir fig.1.7 : l'étoile jaune avec le contour rouge). On note également une tendance de déplacement des trajectoires vers l'équateur (Nicholls, 1992). L'activité cyclonique (en particulier, les tempêtes tropicales c'est-à-dire les cyclones ayant la valeur du tourbillon plus grande que $6*10^{-5}/s$) dans le bassin australien est illustrée dans les figures 1.8 et 1.9 (Sinclair, 2002). Il y a une variation dans le nombre de centres intenses et dans la localisation des trajectoires de tempêtes. Sinclair a aussi constaté une diminution du nombre de tempêtes pendant un événement ENSO. Ainsi, si pendant les années neutres le nombre est de 40 (période 1970-1997), il diminue jusqu'à 22 pendant les années El Niño (période 1979-1997) et même jusqu'à 19 pendant les années La Niña (période1979-1997) (Sinclair, 2002).

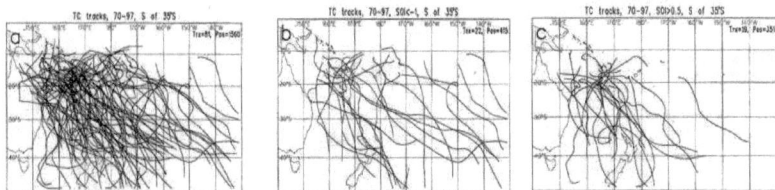

Figure 1.8 : L'impact ENSO sur les trajectoire de cyclones dans le bassin australien pendant : a) les années neutres; b) les phases chaudes et c) les phases froides (Source : Sinclair, 2002, fig.6)

La même diminution du nombre de cyclones autour de l'Australie pendant la phase chaude a été observée par d'autres chercheurs. De même, un déplacement du centre de l'activité des cyclones tropicaux du nord-est vers l'équateur au nord d'Australie (voir fig. 1.9a) a été détecté (Henderson et al, 1998).

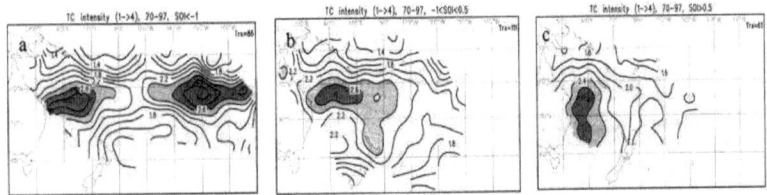

Figure 1.9 : Variation dans la quantité du nombre de centres cycloniques pendant ENSO : a) El Niño, b) les années neutres et c) La Niña (source : Sinclair, 2002, fig. 11).

Au-dessus du continent nord-américain, pendant les années El Niño (voir fig. 1.7), le nombre de tempêtes dans l'est des États-Unis est plus grand que d'habitude et l'activité cyclonique est plus élevée que la normale partout dans le sud des É.-U (Bradbury, 2003). Dans les années neutres, les ouragans touchent les régions près de la Floride; pendant les années La Niña, les ouragans frappent plus au nord (Georgia). Autrement dit, pendant un épisode La Niña, la voie des trajectoires des ouragans au-dessus de l'Atlantique du Nord se déplace vers le nord et touchent les États-Unis dans sa partie nordique. On constate également qu'il y a un changement de localisation de la genèse des ouragans dans l'Atlantique central pendant les années La Niña (l'île du Cap Vert) par rapport aux années neutres (Tartaglione et al., 2002).

La figure 1.10 (Bove et al, 1998) révèle que le nombre d'ouragans qui touchent les États-Unis diminue pendant un épisode El Niño et augmente pendant la phase froide de ENSO. La probabilité d'avoir au moins deux ouragans par années, au-dessus des États-unis, est de 28% pour les années El Niño, de 48% pour les années neutres et de 66% pour les années La Niña. (*voir* fig. 1.10b). Aussi, d'après la figure 1.10a, depuis les années 1950, il y a une diminution du nombre d'ouragans qui ont touché les États-Unis.

Aussi, il y a une augmentation du nombre de cyclones plus intenses dans le Golfe du Mexique (voir fig. 1.7 : l'étoile blanche avec le contour rouge) pendant les années El Niño (Ifremer, 2001et Bradbury, 2003).

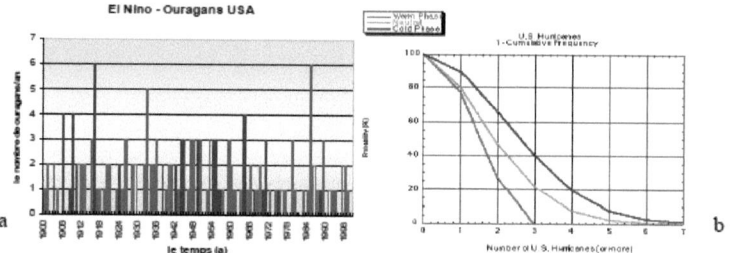

Figure 1.10 : a) Le nombre d'ouragans au-dessus des États-Unis depuis 1900; b) La fréquence d'ouragans pour la même période.

D'après Bove (1998), la fréquence des ouragans dans l'Atlantique Nord a diminuée pendant la période 1970-1987, tandis qu'elle a augmentée dans l'ouest du Pacifique. Il est probable que ces changements soient attribuables au phénomène relativement persistant ENSO des deux dernières décennies, plutôt qu'à une évolution climatique due à l'effet de serre. Les phénomènes ENSO ont tendance à réduire le nombre et l'intensité des ouragans de l'Atlantique et à modifier la répartition des cyclones tropicaux dans le Pacifique.

En résumé, il existe un lien entre un événement ENSO et le décalage longitudinal des zones de développement des cyclones (Henderson et al., 1998). Aussi, pendant un événement El Niño, il y a des régions avec une diminution de l'activité cyclonique et d'autres où il y a une augmentation. On a vu quel a été l'impact observé d'ENSO à l'échelle mondiale. Dans la présente étude, nous verrons quel est l'impact de ce phénomène sur les caractéristiques des cyclones au-dessus du Québec (*voir* annexe C).

1.3 Conclusion

Dans ce chapitre, on a vu qu'il y a deux méthodes pour tracer les trajectoires de cyclones : la méthode de Sinclair et la méthode de Hodges. Les deux méthodes évitent d'utiliser le champ de pression pour identifier les cyclones; ainsi Sinclair utilise comme paramètre d'identification le tourbillon du vent de gradient près de la surface et Hodges détermine les trajectoires des cyclones à partir du tourbillon relatif à 850 hPa. La recherche des trajectoires s'est résumée à mettre en concordance les observations aux pas de temps antérieurs et courants aux prévisions pour le pas de temps suivant. Pour simplifier la recherche, quelques conditions ont été imposées (soit un rayon convenable pour Sinclair, soit les limites de déplacement pour Hodges). Même s'il y a des méthodes différentes, des données différentes ou des périodes différentes, on peut conclure que les résultats issus des deux méthodes sont similaires qualitativement.

En portant notre attention sur le continent nord-américain, on a observé que pendant les années La Niña il y a une augmentation des ouragans au-dessous de la côte Est des États-Unis et que la voie de déplacement de ces ouragans se déplace vers le nord.

Dans le prochain chapitre nous discuterons en détail la méthode de Sinclair et nous déterminerons, par voie de comparaison avec les résultats d'autres études, si cette méthode est viable ou non, c'est-à-dire si elle permet de bien suivre les trajectoires de cyclones.

CHAPITRE II

MÉTHODOLOGIE

Ce chapitre se divise en trois sections. Nous présentons d'abord de manière détaillée l'algorithme de Sinclair, les changements qui lui ont été apportés et sa validation dans de nouvelles conditions, en comparant empiriquement le mouvement cyclonique observé aux trajectoires obtenues par cet algorithme. Ensuite, nous décrirons les méthodes statistiques de traitement des données qui seront utilisées dans le prochain chapitre pour l'analyse des résultats. À cela s'ajoute une comparaison entre les statistiques obtenues par Sinclair et nos statistiques. Finalement, le chapitre se termine par une brève conclusion.

2.1 L'algorithme de Sinclair

2.1.1 La description de l'algorithme

Dans l'algorithme de Sinclair, le cyclone est défini, soit comme un maximum du tourbillon du vent de gradient à 1000 hPa, ζ_{gr} (pour l'hémisphérique Nord), soit comme un minimum de pression au niveau de la mer. Pour la présente étude, nous avons choisi la première définition. Le vent de gradient nécessaire au calcul du tourbillon du vent de gradient est calculé à partir de la hauteur du géopotentiel (Annexe A).

Pour associer une trajectoire à un cyclone, celui-ci doit occuper au minimum deux positions distinctes dans le temps. L'algorithme de Sinclair ne fait pas de distinction entre les cyclones stationnaires - ou quasi-stationnaires - et les cyclones non stationnaires, cependant nous en tiendrons compte dans nos analyses.

La recherche d'un centre cyclonique se fait à chaque pas de temps pour chaque point de la grille. Un cyclone peut se situer à n'importe quel point de la grille où le tourbillon est maximal par rapport aux huit points voisins et plus grands qu'une valeur critique, précédemment choisie. Pour ne conserver que les grands systèmes cycloniques, il faut imposer une valeur critique (VCRIT). Il y a deux façons de définir cette VCRIT : soit une valeur constante pour tous les points de la grille, soit une valeur qui est fonction de l'orographie. Mais comme le tourbillon du vent de gradient à 1000hPa est affecté par le frottement et l'orographie, il est plus juste de choisir la VCRIT en fonction de l'orographie. Ainsi, pour une orographie inférieure à 1000 mètres, VCIRT est égale à $2,5 \times 10^{-5} s^{-1}$ (pour garder seulement les systèmes importants) et pour une orographie supérieure à 1000 m, VCRIT est proportionnelle à l'orographie (qui dépend du lissage imposé, *voir* l'annexe B), mais plus grande que $2,5 \times 10^{-5} s^{-1}$. Ainsi, les cyclones retenus sont ceux qui ont une valeur de tourbillon plus grande (ou égale) à $2,5 \times 10^{-5} s^{-1}$.

Lorsque les positions des centres cycloniques sont connues, nous pouvons déterminer leurs trajectoires. Pour tracer une trajectoire, il faut répondre à trois questions :

1. Où et quand apparaîtra la trajectoire (le premier point de la trajectoire) ?
2. Où sera le prochain point de la trajectoire ?
3. Où et quand cette trajectoire se terminera-t-elle (le dernier point de la trajectoire) ?

Les sous-sections suivantes répondent à ces questions.

Comme nous l'avons précisé au chapitre I, selon l'algorithme de Sinclair la recherche de la trajectoire d'un cyclone se fait en essayant de mettre en concordance les trois caractéristiques du centre cyclonique au pas de temps courant t avec les mêmes caractéristiques du centre cyclonique au pas de temps suivant, $t+\delta t$. Donc, pour chaque cyclone au temps t, il y a une triple prédiction à faire - de position, de pression et de tourbillon - pour le prochain point de la trajectoire. La prédiction est basée sur l'historique du mouvement, les valeurs de la pression, la tendance du tourbillon et la moitié de la valeur du vent à 500hPa (Zwack, communication personnelle). Lorsqu'une concordance a été réalisée (entre la prédiction et les analyses pour le pas de temps suivant), nous pouvons dire que le prochain point de la trajectoire a été trouvé.

Plus précisément, pour trouver le prochain point de la trajectoire, Sinclair a ajouté trois autres éléments :

a) Le point estimé : un point ''intermédiaire'' utilisé pour trouver les autres centres cycloniques, nommés ''points (cyclones) candidats''.

b) Les points candidats : un de ces points sera le prochain point de la trajectoire. c) La probabilité maximale : une valeur utilisée pour trouver le prochain point de la trajectoire parmi les points candidats précédemment trouvés.

2.1.1.1 Le point estimé

La recherche de la position du point estimé est peut-être la partie la plus critique de cet algorithme. Cette recherche est basée sur la position au pas de temps courant et sur une combinaison entre :

1. l'extrapolation de la position d'un point antérieur de quatre pas de temps, le terme $\mathcal{A}$ (voir éq. vectorielles (2.1) et (2.2));

1. la règle empirique d'après laquelle les cyclones se déplacent en fonction du vecteur $\mathcal{V}$ (voir éq. (2.1)) qui est égale à la moitié de la vitesse (direction et grandeur) du vent à 500hPa au-dessus du cyclone (voir fig. 2.1).

Cette combinaison peut être exprimée par les équations (2.1) et (2.2) :

$$\vec{r}_{est}(t+\delta t) = \vec{r}(t) + w_m \cdot \vec{A} + (1-w_m) \cdot \vec{v} \cdot \delta t \qquad (2.1)$$

avec
$$\vec{A} = \frac{\vec{r}(t) - \vec{r}(t-4\delta t)}{4} \qquad (2.2)$$

où w_m est un poids plus petite que 1, choisi en fonction du nombre d'analyses par jour (*voir* tab. 2.1), r représente la position du cyclone à un moment donné et r_{est}

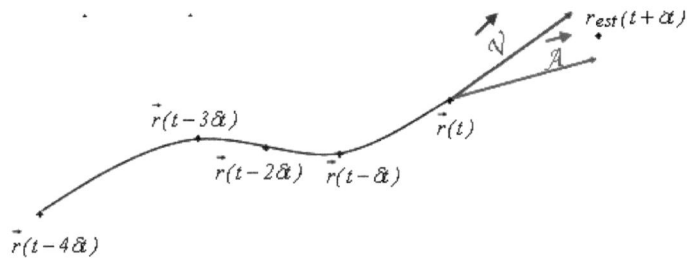

Figure 2.1 La recherche de la position du point estimé de la trajectoire du cyclone; les points *r(t-4δt)*, *r(t-3δt)*, *r(t-2δt)* et *r(t-δt)* sont les positions des centres du cyclones antérieurs à la position au pas de au temps courant *r(t)*.

Tableau 2.1
Valeurs des fonctions poids qu'on trouve dans l'algorithme pour un nombre différent d'analyses par jour.

	1 analyse /jour	2 analyses/jour	4 analyses /jour	8 analyses /jour
w_m	0.7^2	0.7	$\sqrt{0.7}$	$\sqrt[4]{0.7}$
w_p	0.55^2	0.55	$\sqrt{0.55}$	$\sqrt[4]{0.55}$
w_v	0.65^2	0.65	$\sqrt{0.65}$	$\sqrt[4]{0.65}$

La discussion sur la méthode utilisée pour trouver la position du point estimé est fondée sur la condition d'avoir un minimum de cinq points de position déjà présents sur la trajectoire. Mais alors, comment pouvons-nous trouver la position du point estimé lorsque l'historique de la trajectoire compte moins de cinq points ?

Lorsque seul le premier point de la trajectoire est connu, on prend $w_m=0$ dans l'équation (2.1). Donc, pour trouver le deuxième point de la trajectoire, il est nécessaire de connaître seulement le vent à 500 hPa (*voir* éq. (2.3)).

$$\vec{r}_{est}(t + \delta t) = \vec{r}(t) + \vec{v}\delta t \tag{2.3}$$

Lorsqu'on connaît seulement les deux premiers ($i=2$), les trois premiers ($i=3$) ou bien les quatre premiers ($i=4$) points de la trajectoire, l'équation (2.2) est substituée par l'équation (2.4) :

$$\vec{\mathcal{A}} = \frac{\vec{r}(t) - \vec{r}(t^*)}{i - 1} \tag{2.4}$$

où $r(t^*)$ est la position du premier point de la trajectoire et $r(t)$ est la position du point courant.

2.1.1.2 Les points candidats

Les cyclones candidats sont des points « intermédiaires » qui permettent de trouver le prochain point de la trajectoire. La recherche de ces points est identique à la recherche des cyclones, tel que présenté précédemment. Dans un cercle de 777 km (~7° de latitude), centré sur le point estimé déjà trouvé, nous prendrons comme cyclones candidats tous les points où la valeur du tourbillon est maximale (au temps *t*) en comparaison avec les points voisins et plus grande que VCRIT (*voir* fig. 2.2).

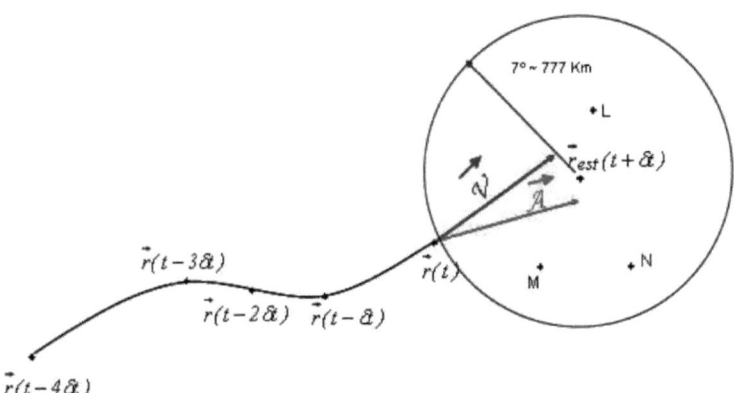

Figure 2.2 Le choix d'un point candidat est basé sur la comparaison du tourbillon à ce point à la valeur du tourbillon aux les points voisins dans le cercle de 7° de latitude. Dans cette figure, nous supposons que nous avons trouvé comme points candidats, les points M, N et L.

2.1.1.3 La probabilité maximale

Pour chaque point candidat trouvé, on calcule une probabilité (*Prob*) selon l'équation (2.5) :

$$Prob = 1 - \frac{(\delta d)^2 + (\delta p/a_1)^2 + (\delta \xi/a_2)^2}{7^2} \quad (2.5)$$

où a_1 est une fonction poids en unité de hPa et a_2 est une autre fonction poids en unités de 10^{-5}/s. Ces deux variations ont le même effet qu'une variation de distance de 1 degré de latitude (Sinclair, 1994); à cause de cela, l'équation (2.5) est considérée adimensionnelle.

δd = la déviation en distance du cyclone candidat de la r_{est} (° latitude), c'est-à-dire la différence entre la position du point candidat et la position du point estimé;

δp = la déviation en pression du centre candidat de la p_{est} (hPa), c'est-à-dire la différence entre la pression du cyclone candidat et la tendance de pression du point estimé calculée d'après l'équation (2.6), où w_p est un poids extrait du tableau 2.1 (pour quatre analyses par jour);

$\delta\zeta$ = la déviation en valeur du tourbillon du centre candidat de la ζ_{est} (10^{-5} s^{-1}), c'est-à-dire la différence entre la valeur du tourbillon au pas de temps courant (t) et la tendance du tourbillon du point estimé calculée d'après l'équation (2.7), où w_v est défini au tableau 2.1 (pour quatre analyses par jour).

$$p_{est}(t+\delta t) = p(t) + w_p[p(t) - p(t-\delta t)] \quad (2.6)$$

$$\zeta_{est}(t+\delta t) = \zeta(t) + w_v[\zeta(t) - \zeta(t-\delta t)] \quad (2.7)$$

Donc, dans notre cas, en supposant que nous ayons trouvé les trois points candidats M, N et L, nous obtiendrons trois probabilités. Par exemple, la probabilité pour le point M sera :

$$\text{Prob}(M) = 1 - \frac{(r_M(t+\delta) - r_{est}(t+\delta))^2 + (p_M(t+\delta) - p_{est}(t+\delta))^2/\alpha_1^2 + (\zeta_M(t+\delta) - \zeta_{est}(t+\delta))^2/\alpha_2^2}{\gamma^2}$$

Le point où la probabilité est maximale est choisi comme le prochain point sur la trajectoire. Donc, le centre cyclonique candidat pour lequel ses caractéristiques (position, pression et tourbillon) s'approche plus des mêmes caractéristiques du point estimé sera déclaré comme le prochain point sur la trajectoire.

Il est à noter qu'il est aussi possible d'avoir un cas particulier lorsqu'il y a dans le même temps deux trajectoires près l'une de l'autre (*voir* fig. 2.3). Par exemple, s'il y a une première trajectoire - la trajectoire en rouge avec le point de position *r(t)* (rouge) au pas de temps courant - et une deuxième trajectoire - la trajectoire en bleu avec le point r(t) (bleu) au pas de temps courant. Pour trouver le prochain point de ces trajectoires, il faut suivre la démarche qui a été exposée précédemment. Pour chaque trajectoire, le point estimé rest(t+δt) (rouge et bleu) est trouvé. Pour chaque point estimé, dans son cercle de 777 km, il faut chercher tous les points candidats; par exemple, pour la première trajectoire les points P, Q et X ont été trouvés et pour la deuxième, les points A, B et X ont été trouvés. D'après la figure 2.3, les deux points estimés sont assez proches pour que les deux cercles de détection de 777 km soient sécants, c'est-à-dire qu'ils aient une surface commune et un point X commun aux deux cercles.

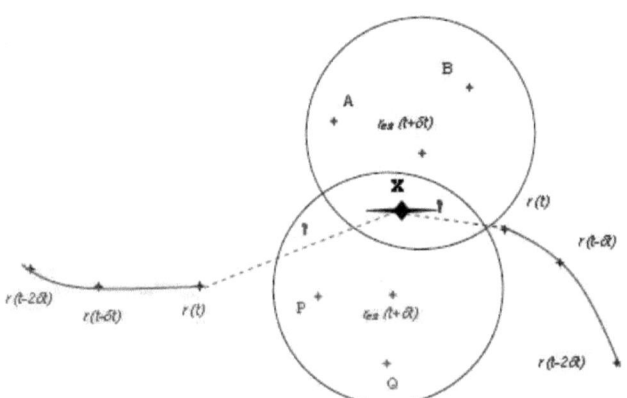

Figure 2.3 : Un cas particulier pour le choix d'un prochain point sur une trajectoire lorsque il y a en le même temps deux trajectoires près l'une de l'autre.

D'après la démarche déjà présentée, on calcule les probabilités (voir eq. 2.5) aux points P, Q et X (P_P, P_Q, P_X) pour la première trajectoire et aussi les probabilités aux points A, B et X (P_A, P_B, P'_X) pour la deuxième trajectoire. Si la probabilité maximale pour la trajectoire en rouge correspond au point X et que la probabilité maximale pour la trajectoire en bleu correspond au point A, alors il n'y a aucun problème et X sera le prochain point de la première trajectoire et A sera le prochain point de la deuxième trajectoire. Un problème survient lorsque les deux probabilités maximales se trouvent au point commun des deux cercles, c'est-à-dire au point X. Dans ce cas, où se trouve effectivement X, sur quelle trajectoire ? Pour répondre à cette question, il faut quantifier la probabilité maximale des autres points, c'est-à-dire qu'il faut calculer la valeur de $Pr = max\ (\mathcal{P}_A,\ \mathcal{P}_B,\ \mathcal{P}_P,\ \mathcal{P}_Q)$. Si $Pr = \mathcal{P}_B$ alors le point B sera le prochain point de la deuxième trajectoire (la trajectoire bleue) et X sera le prochain point de la première trajectoire (la trajectoire rouge).

Si dans le cercle correspondant à la trajectoire en rouge ne figure que le point X, alors automatiquement ce point est considéré comme le prochain point de la trajectoire rouge et le prochain point de la trajectoire bleu sera celui des autres points (A ou B) qui aura la plus grande probabilité.

2.1.1.4 Le premier point

Pour le premier pas de temps, c'est-à-dire au moment de l'initialisation des données, lorsque nous n'avons aucun point antérieur (pas d'historique), chaque cyclone trouvé est considéré comme une nouvelle trajectoire potentielle.

Lorsque nous ne sommes pas au premier pas de temps, le premier point d'une nouvelle trajectoire potentielle doit répondre aux critères définis plus haut : le tourbillon doit être maximal par rapport aux voisins et supérieur à la valeur critique imposée et ce point ne doit pas être situé à l'intérieur d'aucun autre cercle de 777 km.

2.1.1.5 Le dernier point

La même procédure est utilisée pour trouver le dernier point de la trajectoire. On trouve d'abord le point estimé mais, à l'intérieur de son cercle de 777 km, on ne peut pas trouver de points candidats; la valeur du tourbillon aux points de grille situés dans ce cercle n'étant pas maximale par rapport à ses voisins ou n'étant pas plus grande que la valeur critique imposée. Par la suite, il n'y a plus de points candidats, plus de probabilité maximale et donc, il n'y a pas de prochain point.

2.1.2 Validation

Après l'implantation de l'algorithme de Sinclair à l'UQAM, nous avons observé des non concordances entre les trajectoires observées empiriquement et les trajectoires obtenues par l'algorithme. Pour pallier ce problème, nous avons apporté des modifications qui nous permettent de mieux comparer le mouvement cyclonique déterminé par le tourbillon du vent de gradient au mouvement cyclonique observé. Ainsi, le vent à 500 hPa fourni par les ré-analyses NCEP a été substitué au vent climatologique utilisé par Sinclair (pour chaque point de la grille, sa valeur était de 24 mille/h et sa direction est sud ouest). Aussi, le rayon du cercle de recherche des cyclones candidats a été agrandi, passant de 4.5° à 7° de latitude (approximatif de 500 à 777 km). Donc, le but de ce sous-chapitre est de comparer le mouvement cyclonique observé empiriquement aux trajectoires obtenues après modification de l'algorithme.

2.1.2.1 Préparation des données

Dans les ré-analyses de NCEP, les données utilisées pour notre étude, il n'y a pas de champ du tourbillon du vent de gradient à 1000 hPa, champ nécessaire pour identifier les cyclones. Pour cette raison, l'algorithme de Sinclair calcule le tourbillon à partir du champ du géopotentiel fournit par les ré-analyses de NCEP.

Les ré-analyses NCEP sont des données mondiales, disponibles aux 6 heures (à 00, 06, 12 et 18 GMT) sur une grille de résolution de 2,5°X2,5°. Elles sont fournies pour 17 niveaux de pression sur une grille comptant 145X73 points. Les champs nécessaires pour notre travail seront le géopotentiel à 1000 hPa (à partir duquel nous calculons le tourbillon nécessaire à l'identification des centres cycloniques), le vent à 500 hPa (pour trouver les cyclones candidats) et l'orographie (utile pour le calcul du seuil VCRIT).

Après interpolation, nous avons obtenu les données sur une grille polaire stéréographique, centrée sur le Pôle Nord, et contenant à peu près tout l'hémisphère Nord (une calotte sphérique de 20° à 90° de latitude) avec 97x97 points de grille. La résolution de la nouvelle grille est de 180 km (maille de la grille à 60° latitude).

Pour éviter le bruit et d'engendrer des problèmes aux latitudes élevées (où les points de grille sont très rapprochés) nous avons introduit un filtre zonal, un paramètre de lissage appelé paramètre de Cressman, r_0. Il s'agit d'une pondération des données de géopotentiel à chaque point de grille en utilisant toutes les données des points du voisinage se trouvant à une distance inférieure à 800 Km (Sinclair, 1997).

2.1.2.2 Validation avec 4 analyses par jour

Nous avons validé l'algorithme pour plus de 300 trajectoires réparties sur deux mois (un mois d'hiver et un mois d'été dans l'hémisphère Nord). Nous nous sommes assuré que ces trajectoires ont bien un début et une fin et que leurs parcours suivent bien le mouvement cyclonique observé empiriquement à partir du champ de tourbillon.

Maintenant, procédons à une courte comparaison. Pour cela, nous avons utilisé les ré-analyses NCEP (4/jour) pour le mois de janvier 1978, pour presque tout l'hémisphère Nord (20° à 90° de latitude). Pour ce mois, l'algorithme de Sinclair a permis de trouver 1944 nouveaux centres cycloniques et 258 trajectoires ayant au moins deux points (une durée de vie d'une demi-journée) et pour lesquels la valeur du tourbillon est plus grande que $2,5 \cdot 10^{-5} s^{-1}$.

Sur la figure 2.5 seules sont présentées les trajectoires de cyclones qui ont une durée de vie plus longue que 2 jours.

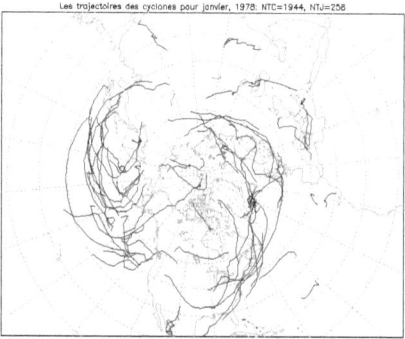

Figure 2.5 : Les trajectoires de cyclones qui ont longévité plus grande que 2 jours et dont la valeur du tourbillon est plus grande que $2,5 \cdot 10^{-5} s^{-1}$.

La figure 2.6 présente une trajectoire choisie au hasard. Il s'agit d'une trajectoire qui a pris naissance le 8 janvier 1978 à 00 GMT au-dessus de la côte Est de l'Amérique du Nord et qui s'est terminée le 12 janvier à 18 GMT. Les figures 2.6a-e présentent la trace du mouvement cyclonique (la trajectoire) pour quelques pas de temps. À la figure 2.6e, nous avons extrait de la figure 2.5 la trajectoire correspondante telle que calculée par l'algorithme de Sinclair. En examinant le champ de tourbillon du vent de gradient (en rouge), nous constatons que le 12 janvier à 18 GMT (*voir* fig. 2.6e) la trajectoire tracée empiriquement se trouve à la figure 2.6f.

À la lumière de cette comparaison de toutes les trajectoires de la période de deux mois, nous pouvons conclure que pour plus de 300 trajectoires, la méthode de Sinclair modifiée permet de bien suivre les cyclones.

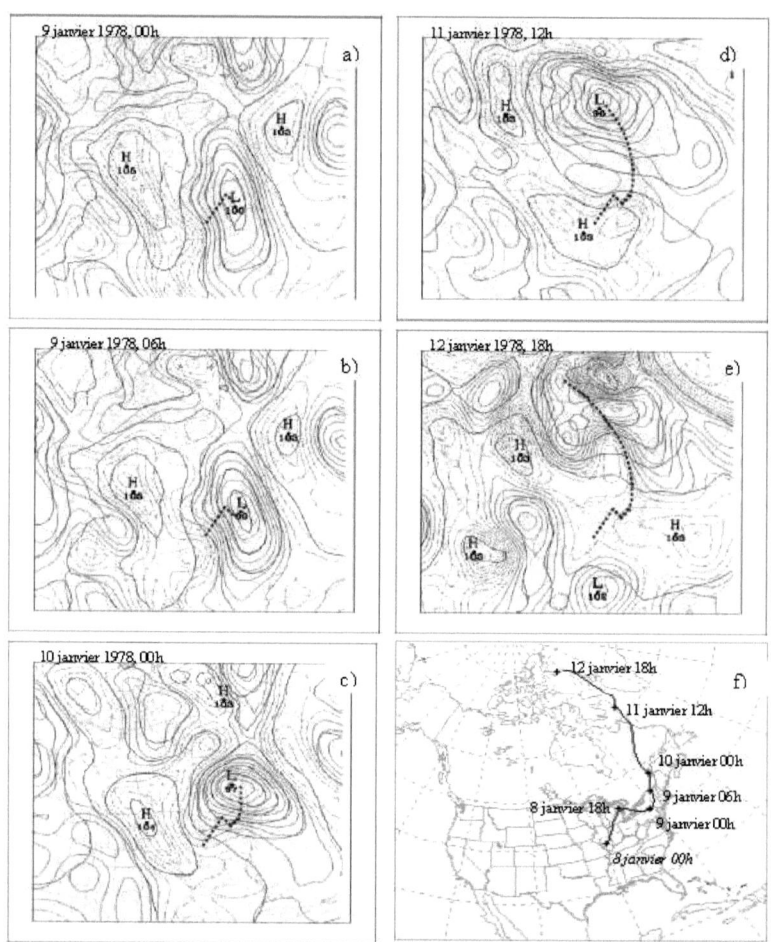

Figure 2.6 : (a-e) Une trajectoire tracée manuellement, pour quelques pas de temps du mouvement cyclonique observé pendant le mois de janvier 1978 f) la même trajectoire tracée à l'aide de l'algorithme de Sinclair légèrement modifié. En noir est le champ de pression et en rouge est le champ du tourbillon calculé en fonction de vent de gradient.

2.1.2.3 Validation sur 5 mois de janvier

Dans leur œuvre, Laprise et Zwack (1992) ont tracé les trajectoires de cyclones pour les cinq mois de janvier, 78-82. Un cyclone était défini comme un centre dépressionnaire où les isobares montrent au moins un contour fermé sur la carte au niveau moyen de la mer. Les contours ont été tracés aux 5 hPa. Ils ont suivi le comportement de l'activité cyclonique pendant les cinq mois de janvier en utilisant les analyses NMC (-US National Meteorological Center, deux analyses par jour) et un modèle climatique global (le MCG canadien avec une simulation de simple CO_2 et une simulation de double CO_2). Nous limiterons la comparaison entre les trajectoires obtenues à l'aide de l'algorithme de Sinclair et les trajectoires obtenues par les deux chercheurs en utilisant que les analyses NMC.

À la figure 2.7, on observe que pour chacun des cas, il y a deux bandes principales de trajectoires, une bande située dans l'Atlantique Nord et une autre située dans le Pacifique Nord. On observe également sur les deux cartes que les montagnes Rocheuses agissent comme une barrière au mouvement cyclonique et courbent les trajectoires qui proviennent du Pacifique (nous rappelant la forme du jet stream, voir fig. 1.7). Notons aussi des différences entre les deux résultats : il y a un nombre plus grand de trajectoires en utilisant le champ de tourbillon plutôt que le champ de pression, observation que nous avons déjà expliquée au premier chapitre (différence cyclones ouverts/fermés). Mais en comparant les deux cartes, nous voyons que les deux résultats sont qualitativement similaires.

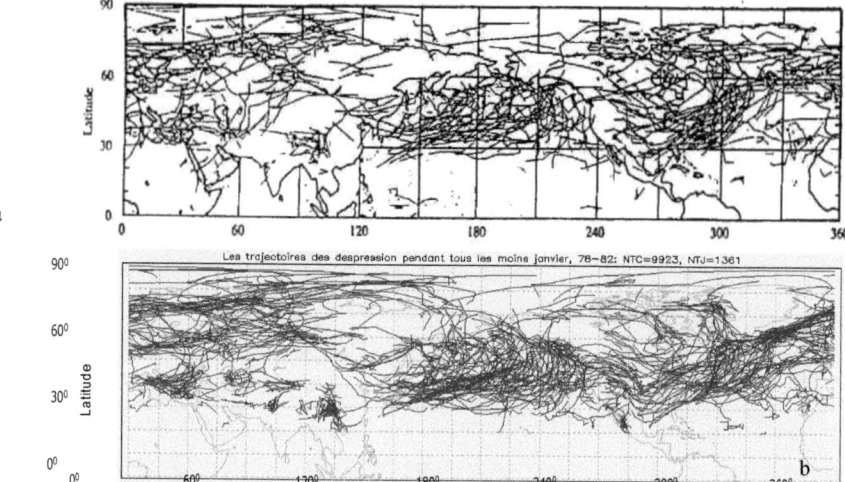

Figure 2.7 : Les trajectoires de cyclones pendant les mois de janvier 78-82 au-dessus de l'hémisphère Nord (latitudes 20° à 90°). a) tracées manuellement en utilisant le champ de pression au niveau moyen de la mer (figure tirée de Laprise et Zwack, 1992) et b) tracées par l'algorithme en utilisant le champ du tourbillon du vent de gradient. Toutes les trajectoires ont une durée de vie plus grande qu'un jour.

2.2 Méthodes de traitement statistiques des données

2.2.1 Apport d'eau des bassins versants

Comme mesure d'hydraulicité au-dessus du Québec, par la courtoisie d'Hydro Québec, nous avons obtenu les données de l'apport naturel d'eau (m³/s) pour cinq grands bassins versants du Québec (La Grande, Outaouais, St-Maurice, Manic et Churchill).

À la suggestion d'Hydro Québec (René Roy et Guenther Pacher), nous avons choisi le demi écart-type comme critère pour distinguer les années plus humides des années moins humides et ce, pour tous les mois d'avril, mai et juin de la période 1960-1999. La raison pour laquelle ces mois ont été choisis est que pendant ces mois nous observons le plus important apport d'eau de toute l'année (René Roy et

Pacher Guenther, communication personnelle). Pratiquement, il s'agit d'une grande partie de la quantité de pluie et de neige reçue pendant les derniers sept mois, qui à la fin du printemps dégèle suite à la hausse de température. Nous essayerons donc de trouver une correspondance entre l'apport d'eau observé pendant ces trois mois (mars, avril, mai) et les caractéristiques des cyclones observées pendant les sept mois précédents de novembre à mai.

Pour trouver le demi écart-type pour les cinq bassins versants (*voir* fig. 3.1 a. et b.) il faut parcourir les étapes suivantes :
- le calcul de la moyenne pour la période choisie antérieurement ;
- le calcul de l'écart-type (σ); pour chaque année il faut calculer la cote z, c'est-à-dire la différence entre la valeur moyenne observée (M) et prévue d'une variable (va), normalisée par l'écart-type ($z = (M - va)/\sigma$);
- le demi écart est une moitié d'écart-type en fonction duquel nous ferons la distinction entre les valeurs au-dessus et au-dessous de la densité moyenne; donc, nous prendrons comme années avec un grand apport d'eau dans un bassin versant (années humides), toutes les années pour lesquelles leurs valeurs sont plus grandes que +0.5 et comme années sèches, les années avec des valeurs sous le seuil de -0.5. Les années normales sont celles pour lesquelles les valeurs sont situées entre -0.5 et 0.5 (*voir* fig. 2.9)

Parce que nous avons obtenu une bonne corrélation (0.79) entre les séries temporelles de l'Outaouais et de la St-Maurice, nous avons décidé de combiner ces deux rivières. Pour notre étude, quatre régions seront étudiées: la région du sud (qui couvre les rivières Outaouais et St-Maurice), la région centrale (qui couvre la rivière La Grande), la région de la rivière Manic et une région dans le Labrador, la rivière Churchill (où le bénéficiaire est Hydro-Québec).

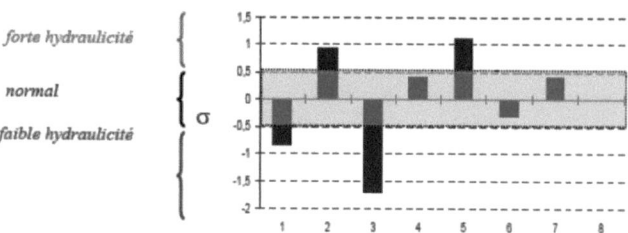

Figure 2.8 : Le demi écart-type, le critère permettant de distinguer les années de forte /faible hydraulicité.

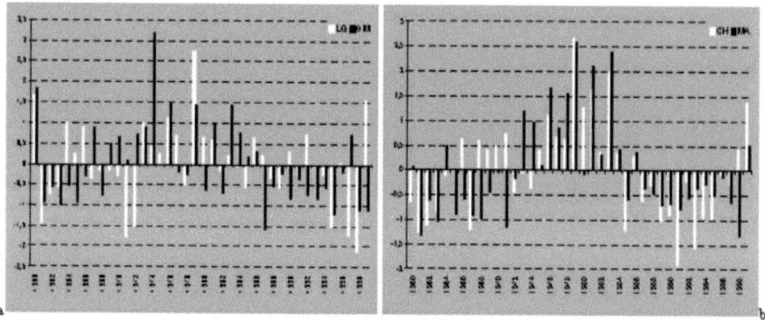

Figure 2.9 : L'apport d'eau pour avril, mai et juin normalisé par l'écart-type pour: a.) la rivière La Grande (LG – blanc) et les rivières Outaouais et St-Maurice (OM - noir) et b.) la rivière Churchill (CH -blanc) et pour la rivière Manic (MA - noir).

Donc, selon la figure 2.8, toutes les années pour lesquelles les valeurs sont plus grandes que 0.5 seront classées comme des années avec un fort apport d'eau dans la rivière et toutes les années avec des valeurs plus petites que -0.5 comme des années avec un faible apport d'eau; les valeurs situées entre les deux limites sont considérées comme des valeurs normales. Ainsi, pour chacune des quatre régions, il y a deux périodes avec plus ou moins d'apport d'eau ; nous les appellerons, la période humide (ou plus humide) et la période sèche (ou moins humide) respectivement ou bien les périodes de forte et de faible hydraulicité. Plus précisément, les années en rouges (*voir* tab. 2.2) font partie de la période humide (LG-H) et les années en bleu de la période sèche (LG-S). Nous procéderons de la même manière pour les quatre autres rivières (*voir* tab. 2.3, avec OM-H et OM-S respectivement; tab. 2.4, avec CH-H et CH-S respectivement,; tab. 2.5, avec MA-H et MA-S respectivement).

Tableau 2.2
En rouges les années de forte hydraulicité, en bleu les années de faible hydraulicité et en noir les normales concernant l'apport d'eau dans la rivière La Grande (LG).

1960	1961	1962	1963	1964	1965	1966	1967	1968	1969	
1970	1971	1972	1973	1974	1975	1976	1977	1978	1979	L
1980	1981	1982	1983	1984	1985	1986	1987	1988	1989	G
1990	1991	1992	1993	1994	1995	1996	1997	1998	1999	

Tableau 2.3
Comme le tableau 2.2 mais pour les rivières Outaouais et St-Maurice (OM).

1960	1961	1962	1963	1964	1965	1966	1967	1968	1969	
1970	1971	1972	1973	1974	1975	1976	1977	1978	1979	O
1980	1981	1982	1983	1984	1985	1986	1987	1988	1989	M
1990	1991	1992	1993	1994	1995	1996	1997	1998	1999	

Tableau 2.4
Comme le tableau 2.3 mais pour la rivière Churchill (CH).

1960	1961	1962	1963	1964	1965	1966	1967	1968	1969	
1970	1971	1972	1973	1974	1975	1976	1977	1978	1979	C
1980	1981	1982	1983	1984	1985	1986	1987	1988	1989	H

Tableau 2.5
Comme le tableau 2.4 mais pour la rivière Manic (MA).

1960	1961	1962	1963	**1964**	1965	1966	1967	1968	**1969**	
1970	1971	**1972**	1973	1974	**1975**	1976	1977	1978	1979	M
1980	1981	**1982**	1983	**1984**	1985	**1986**	**1987**	**1988**	**1989**	A
1990	1991	1992	**1993**	1994	**1995**	**1996**	1997	1998	1999	

En regardant les quatre tableaux précédents, nous comptons douze années de forte hydraulicité et onze années de faible hydraulicité pour la rivière La Grande (*voir* tab. 2.2). Pour les rivières du sud, la différence du nombre d'années correspondant aux deux périodes est plus prononcée (douze années plus humides et dix-sept années moins humides - *voir* tab. 2.3). Churchill a connu onze années humides et treize années sèches (*voir* tab. 2.4) et la rivière Manic a compté neuf années de forte hydraulicité contre quinze années de faible hydraulicité (*voir* tab. 2.5).

Donc, les zones d'intérêt particulier seront les quatre régions (*voir* fig. 2.10) : La Grande (LG), Outaouais et St-Maurice (OM), Churchill (CH) et Manic (MA). La figure 2.10a montre la position géographique des quatre régions. Sur la carte 2.10b, ces quatre zones sont représentées par des rectangles.

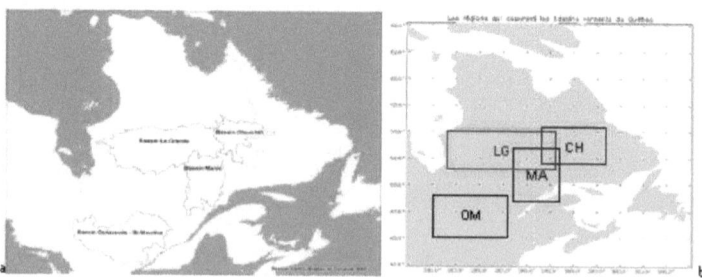

Figure 2.10 : a) Les positions géographiques des bassins versants qui seront étudiés; b) les rectangles qui couvrent les bassins et pour lesquels seront étudiées les caractéristiques des cyclones.

2.2.2 Les caractéristiques des cyclones

Notre but est de trouver un lien entre les particularités des cyclones et l'hydraulicité, définie en terme d'apport d'eau dans les rivières. Nous tiendrons compte de tous les cyclones qui sont passés au-dessus des quatre régions pendant les sept mois (NDJFMAM) des périodes précédemment discutées. Pour éliminer les cyclones de faible intensité et de courte durée et les cyclones stationnaires ou quasi- stationnaires, nous avons imposé trois conditions :
1. une valeur du tourbillon plus grande que 2.5×10^{-5}/s,
2. une durée de vie plus longue qu'un jour,
3. une trajectoire plus longue que 1200 km.

Pour caractériser les cyclones des différentes régions et pour les deux périodes retenues, nous avons utilisé plusieurs mesures statistiques : trois statistiques de densité (la densité de cyclone, de trajectoire et de cyclone de forte intensité) et trois statistiques de moyenne (de circulation moyenne, de vitesse moyenne de déplacement et de l'intensité moyenne), et aussi une classification des cyclones selon la direction. Toutes les calculs des statistiques ont été faits directement sur la sphère, sur une grille latitude-longitude, avec la distance entre les points de grille de 2,5x2,5 degrés (nous n'avons pas utilisé de projection). Pour avoir des résultats concrets, nous avons calculé les statistiques sur des cercles de 333 km (3 degrés de latitude), centré sur chaque point de grille. Pour une meilleure compréhension, chacun des calculs statistiques est décrit dans ce qui suit.

a) La densité de cyclones

La densité de cyclones en un point est la somme de tous les centres cycloniques (existant au moment de l'analyse) situés à l'intérieur du cercle de 333 km, centré sur ce point. Évidemment, comme la distance entre les points de grille est d'environ 278 km (2,5 degrés de latitude) et que le rayon du cercle de recherche est de 333 km (3 degrés de latitude), nous pouvons compter plusieurs fois le même cyclone situé dans la zone commune aux deux (ou plus) cercles avoisinant (*voir* fig. 2.11). Ainsi, plus nous nous rapprochons du Pôle, plus on risque de compter le même cyclone plusieurs fois (à cause de l'augmentation du nombre de cercles voisins présents dans une zone commune).

Malgré cet inconvénient, nous avons choisi cette façon de calculer parce que pour nous, il est très important de savoir combien de centres cycloniques passent à une distance donnée d'un point.

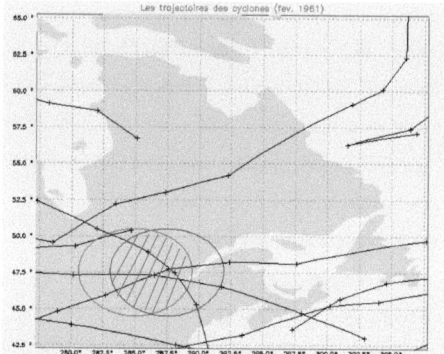

Figure 2.11 : Dans les cercles de 333 km; il peut y avoir des cyclones et/ou des trajectoires qui sont comptés plus d'une fois. Les trajectoires et les cyclones qui sont à l'intérieur de la région ombrée seront comptés tant pour le cercle rouge que pour le cercle bleu.

Il faut spécifier encore une fois que lorsque nous parlons de densité pour un cyclone, on réfère au centre cyclonique.

b) La densité de trajectoires

La densité de trajectoires en un point est la somme de toutes les trajectoires qui touchent le disque de 333 km. En d'autres mots, dans ce calcul, on ne compte pas uniquement les trajectoires qui ont un centre cyclonique à l'intérieur du cercle, mais aussi les trajectoires qui coupent le cercle sans avoir aucun point à l'intérieur, au moment des analyses (les analyses sont prises à chaque six heures). Pour trouver les trajectoires qui coupent seulement le cercle de 333 km, le cercle de recherche a été agrandi de 333 km à 777 km (de 3 à 7 degrés); ainsi, nous avons pris toutes les trajectoires potentielles pour lesquelles les centres cycloniques aux temps t et $t+1$ sont dans le cercle de 777 km, mais pas dans le cercle de 333 km (*voir* fig. 2.12). Pour compter cette trajectoire potentielle, deux conditions doivent être satisfaites :

- la distance minimale entre le centre du cercle et la trajectoire (d_{min}) doit être plus petite que le rayon de 333 km et
- le point correspondant de la d_{min} situé sur la trajectoire doit être situé entre les points correspondants aux temps t et $t+1$.

Évidemment, s'il y a plusieurs centres cycloniques d'une trajectoire dans le même cercle, la trajectoire sera comptée, pour ce cercle, qu'une seule fois.

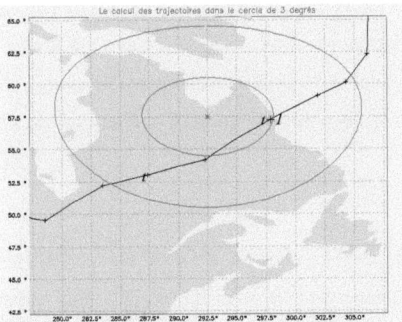

Figure 2.12 : Pour compter toutes les trajectoires qui coupent le cercle de 333 km, on a agrandi le cercle à 777 km.

La densité de cyclones intenses

La densité de cyclones intenses se définit de la même manière que la densité de cyclones à la seule différence que seuls les cyclones avec une valeur du tourbillon plus grande que 6×10^{-5}/s sont comptés.

Dès maintenant, toutes les statistiques de densité seront normalisées par le nombre de mois (par exemple, pour la rivière La Grande, on a 11 années avec des valeurs sous la normale – voir le tableau 2.2, les années en bleu – c'est-à-dire 11x7=77 mois). Donc, les valeurs des densités sont divisées par le nombre d'années mises en jeu multiplié par le nombre de mois pris pour chaque année (pour LG-S, les valeurs des cinq statistiques par 77, pour chaque point de grille).

c) *Intensité moyenne*

L'intensité moyenne est la moyenne de l'intensité des valeurs du tourbillon de tous les centres cycloniques situés à l'intérieur du cercle de 333 km.

d) Circulation moyenne

La circulation moyenne est la moyenne des toutes les valeurs de circulation pour les cyclones qui sont inclus dans le cercle de même rayon, 333 km . Cette statistique nous donne des informations concernant l'intensité et la grandeur du system cyclonique (Sinclair, 1997). Ainsi, un cyclone avec une grande circulation est soit un cyclone de forte intensité soit un cyclone d'une grande étendue.

e) Vitesse moyenne de déplacement

La vitesse moyenne de déplacement est calculée comme la vitesse moyenne nécessaire à un cyclone pour parcourir la distance entre le point du pas de temps antérieur sur la trajectoire (qui doit être dans le cercle de 333 km) et le point courant (pas nécessairement situé dans le cercle).

Aucune normalisation n'est effectuée pour les trois dernières mesures statistiques, car il s'agit de moyennes, et le facteur le plus important est le nombre de fois qu'est fait le calcul (non pas la période).

Un filtre est ensuite appliqué aux statistiques calculées pour éliminer le bruit. Le filtre utilisé est le même que dans l'algorithme de Sinclair, le filtre de Cressman, à 800 km (*voir* Annexe B).

f) La direction des cyclones

Au-dessus du Québec, les cyclones qui viennent du sud-est (les cyclones qui proviennent de l'océan et des régions proches de l'équateur) et ceux qui proviennent du sud-ouest (des Grands Lacs) ont une humidité plus grande que les autres. Ainsi, il sera très intéressant de voir s'il y a un changement ou une caractéristique spécifique pour les années humides concernant les cyclones du sud-est et du sud-ouest.

Pour calculer la direction d'un cyclone, nous avons pris l'azimut des deux positions du cyclone (au pas de temps précédent et au pas de temps courant). Le cercle trigonométrique a été divisé en huit secteurs, chacun sous-tend un arc de 45° (*voir* fig. 2.13). Le calcul a été fait à chaque point de grille sur la même distance de 333 km autour de celui-ci et la valeur obtenue pour chaque direction a été normalisée par le nombre de mois considérés.

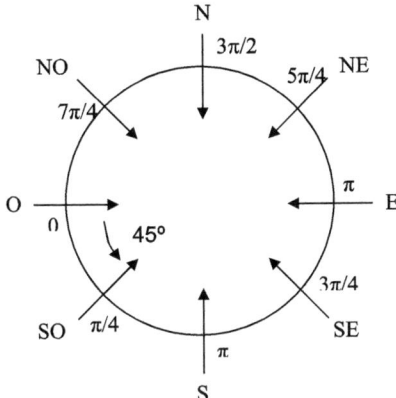

Figure 2.13 : Pour chaque point de grille il y a huit directions possibles : tous les cyclones pour lesquels l'azimut est à l'intérieur d'un secteur du cercle formeront une seule direction ; par exemple, tous les cyclones qui ont un azimut entre 0° et 45° seront compter comme les cyclones qui viennent de la direction ouest (O).

2.2.3 Validation

Dans cette section, nous comparerons les résultats obtenus par Sinclair (2002) avec les ré-analyses NCEP (quatre/jour) pour les six mois hivernaux (NDJFMA) de la période 1953-1999 aux résultats obtenus à partir de nos calculs en utilisant les mêmes données et pour les mêmes mois, mais pour une période plus courte, 1960-1999. Avant de procéder à la comparaison, il faut indiquer l'existence de quelques différences très importantes (*voir* tab. 2.6). Il s'agit des différences concernant la façon de trouver les cyclones (le point estimé, le vent, le seuil). Aussi, il y a des différences notables concernant le traitement des données. Une des différences provient du fait que nous comptons le même cyclone dans tous les cercles où il apparaît tandis que Sinclair le compte qu'une seule fois. Pour éliminer les centres stationnaires, Sinclair impose une condition minimale de longueur de trajectoire de 1200 km sur le continent seulement, tandis que nous imposons cette condition partout sur le globe (terre et océan).

Tableau 2.6

Les principales différences entre la manière de trouver les densités d'après Sinclair et d'après les mesures proposées dans ce mémoire.

	Sinclair	Notre calcul
La grille (points de grille)	61x61	97x97
Cercle pour trouver les cyclones candidats (° latitude)	4.5	7
Vent	climatologique	moitié du vent à 500 hPa
Le compte d'un cyclone	seulement une fois	dans chaque cercle où il est situé
Trajectoires plus longues que 1200km	au-dessus des continents	partout

Examinons maintenant la densité de cyclones et de trajectoires, les deux statistiques de densité utilisées par Sinclair (2003).

En regardant les figures 2.14a et 2.14b, nous constatons que les cartes de densité de cyclones se ressemblent. Ainsi, on observe deux bandes de cyclones au-dessus du Pacifique et de l'Atlantique. Il y a des différences significatives concernant les valeurs et l'existence de quelques maximums sur les deux cartes. Les raisons qui expliquent l'existence de ces différences se trouvent dans le rayon du cercle de recherche des cyclones candidats et dans le fait que nous pouvons compter un même cyclone plusieurs fois. Un plus grand rayon du cercle augmente la chance de trouver au moins un point candidat qui pourrait être le prochain point sur de la trajectoire, d'où un nombre plus grand de cyclones.

Les cartes de densité de trajectoires (voir fig. 2.14c et 2.14d) se ressemblent davantage que les cartes de densité de cyclones. Ici aussi, il y a présence de deux bandes de trajectoires sur le Pacifique et l'Atlantique. Nous remarquons également un maximum de densité de trajectoires au-dessus du Gulf Stream. Les différences observées entre les deux cartes sont de même nature que celles observées pour la densité de cyclones. Ainsi, les différences entre les distributions spatiales des deux statistiques de densité de trajectoires (voir fig. 2.14c et 2.14d) ne sont pas significatives comme les différences des statistiques de densité de cyclones (voir fig. 2.14a et 2.14b). Notons que Sinclair a obtenu plus de trajectoires. Dans notre travail de comparaison des trajectoires observées empiriquement aux trajectoires obtenues par l'algorithme, nous avons vu qu'en utilisant un rayon plus petit pour le cercle de recherche des points candidats (4,5° de latitude), les trajectoires se séparent en deux ou en trois trajectoires plus petites pour le même cyclone. Donc, les trajectoires obtenues en utilisant un cercle de 7° de latitude sont plus réalistes et nous obtenons des trajectoires plus longues et moins nombreuses qu'en utilisant un cercle de 4,5° de latitude.

Malgré les différences, en regardant la figure 2.14, nous pouvons conclure que les deux résultats sont qualitativement similaires.

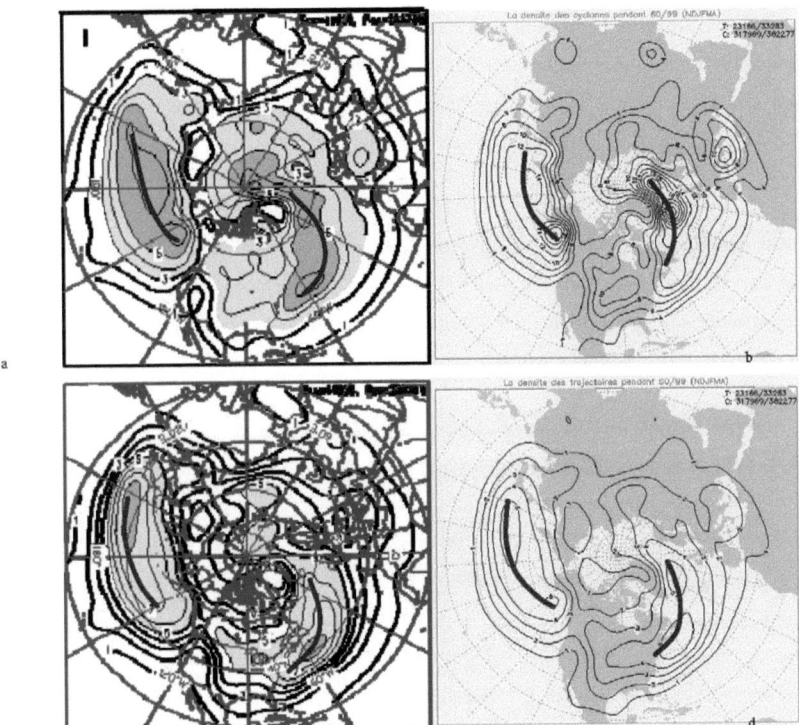

Figure 2.14 : a) La densité de cyclones obtenue par Sinclair (2002) pour la période 1953-1999 (NDJFMA) et b) la densité de cyclones obtenue d'après nos calculs pour la période 1960-1999 (NDJFMA). La même chose pour la densité de trajectoires : c) Sinclair et d) notre calcul. Le seuil impose pour VCRIT est de $1*10^{-5}$ pour toutes les cartes.

2.3 Conclusion

Dans ce chapitre nous avons vu que, pour tracer les trajectoires avec l'algorithme de Sinclair, il faut trouver pour chaque trajectoire et à chaque pas de temps, le point estimé, les points candidats (des cyclones parmi lesquels nous pourrions trouver le prochain point) et la probabilité maximale. Autrement dit, la trace d'une trajectoire implique une concordance entre le mouvement passé de la trajectoire et la prédiction de la position et des valeurs d'un point futur (le point estimé). Évidemment, il y a des situations critiques, comme au début d'une nouvelle trajectoire alors qu'il n'y a pas encore d'historique. Dans ce cas, le premier point de la trajectoire sera considéré là où il y a un tourbillon maximal et où un point estimé est détecté à l'aide du vent à 500 hPa.

Pour le premier pas de temps, chaque tourbillon qui est maximal par rapport aux voisins et plus grand que la valeur critique imposée (VCRIT) est considéré comme le début d'une nouvelle trajectoire potentielle. Une trajectoire finira (le cyclone disparaît) lorsque dans le cercle de recherche il n'y a plus de cyclones candidats.

Pour la validation de l'algorithme nous avons pris deux mois (janvier 1978 et août 1997) et nous avons suivi chaque trajectoire à chaque pas de temps, tel que présenté dans la figure 2.6. Ces comparaisons nous montrent que l'algorithme de Sinclair, avec les modifications introduites suit bien le mouvement cyclonique. Une autre comparaison qui vient valider la fiabilité de l'algorithme, a été faite entre le mouvement cyclonique décrit par Laprise et Zwack pour les cinq mois de janvier et les trajectoires obtenues par l'algorithme. Même si les conditions sont différentes, on observe des similitudes dans les résultats (*voir* fig. 2.7) des deux approches.

Les résultats qui seront présentés dans le prochain chapitre sont dérivés de quelques mesures statistiques (la densité de cyclones, la densité de trajectoires, la densité de cyclones intenses, l'intensité moyenne, la circulation moyenne et la vitesse moyenne de déplacement).

CHAPITRE III

LES CARACTÉRISTIQUES DES CYCLONES ET L'APPORT D'EAU AU-DESSUS DU QUÉBEC

Dans ce chapitre nous essayerons de trouver un lien entre l'activité cyclonique, les caractéristiques des cyclones et l'hydraulicité observée pendant la période 1960/1999. Pour obtenir les caractéristiques de l'hydraulicité pour chaque année et pour chaque bassin versant, nous avons fait appel à Hydro Québec (*voir* sect. 2.2.1). Pour mieux comprendre les caractéristiques des cyclones nous avons développé des programmes informatiques à l'aide desquels on peut calculer certaines mesures statistiques rencontrées dans la littérature scientifique (densité de cyclones, densité de trajectoires, densité de cyclones intenses, intensité moyenne et vitesse moyenne de déplacement). À celles-ci s'ajoutent deux nouvelles mesures statistiques : la circulation moyenne et la densité de cyclones selon la direction (*voir* sect. 2.2.2).

3.1. Présentation des résultats

Comme nous l'avons vu à la figure 2.9b, des rectangles ont été construit pour couvrir chacune des quatre régions à l'étude. Pour chaque rectangle, nous avons compté le nombre de cyclones, de trajectoires et de cyclones intenses ainsi que la moyenne de l'intensité de tous les cyclones. Pour un rectangle donné, nous n'avons tenu compte que des cyclones dont les centres étaient situés à l'intérieur de ce périmètre; contrairement aux densités, ils n'ont été comptés qu'une seule fois.

Il est donc normal d'obtenir des différences entre ces valeurs calculées dans un rectangle et les valeurs de densités calculées selon la méthode des cercles qui de plus sont filtrées. L'approche par région nous permet d'obtenir une mesure plus exacte des caractéristiques des cyclones au-dessus de la zone d'intérêt mais n'offre aucune information sur la distribution spatiale et, pour cette raison, nous examinerons également les densités.

Dans le coin supérieur droit des figures qui suivent, trois informations sont présentées : lorsqu'on ne fait référence qu'à une seule période, les trois valeurs indiquent les moyennes mensuelles des cyclones (NC), des trajectoires (NT) et des cyclones intenses (NF) qui sont passés pendant la période étudiée à l'intérieur du rectangle. Lorsqu'on parle de différences entre deux périodes (humide/sèche), les trois valeurs sont les différences des moyennes mensuelles entre les deux périodes pour les cyclones (intenses) et les trajectoires.

3.2.1. Le bassin versant de La Grande (LG)

La région du bassin versant de La Grande (LG) est représentée par le rectangle gris de latitude 51,5°N à 55° N et de longitude 281,5°E à 293°E.

Pendant les douze années (12 années*7 mois =84 mois) de forte hydraulicité (années humides, *voir* fig. 3.1a), a été enregistrée une moyenne de 3.01 cyclones/mois dans le rectangle correspondant au bassin LG comparativement à 2.33 cyclones par mois pour la période des onze années (11*7=77 mois) de faible hydraulicité (*voir* fig. 3.1b), ce qui correspond à un accroissement de la moyenne mensuelle du nombre de cyclones de 0.68 (22.6%) pendant la période plus humide. Le nombre de trajectoires est passé de 1.29 trajectoires/mois pour la période sèche à 1.59 trajectoires/mois pour la période humide, ce qui indique une augmentation de plus de 18% pendant la période de forte hydraulicité. Si nous faisons la différence de la moyenne mensuelle des cyclones intenses entre la période humide et la période sèche, nous constatons, sur une base mensuelle, une très faible diminution (-0.03) du nombre de cyclones intenses pendant la première période (43 cyclones intenses pour la période humide par rapport à 42 pour l'autre période selon le tableau 3.1).

Concernant les mesures statistiques (*voir* fig. 3.1a-f et 3.2a-c), nous remarquons qu'il y a une augmentation de la densité de cyclones et de trajectoires partout au-dessus du Québec et qu'il y a aussi une bonne corrélation entre ces deux densités. Ainsi, pendant la période de forte hydraulicité, le nombre mensuel de cyclones augmente jusqu'à +0.60 comparativement à l'autre période (*voir* fig. 3.1a et 3.1b). Le nombre de trajectoires pour la période humide est plus élevé que celui de la période sèche avec de jusqu'à +0.30 trajectoires/mois comptées dans le rectangle (*voir* fig. 3.1e et 3.1f). En observant la densité de cyclones intenses, nous constatons une légère augmentation pendant la période humide seulement dans la partie de sud-est de LG (*voir* fig. 3.2a-c). Pour les trois autres mesures statistiques, les différences apparaissent toujours en faveur des années avec un apport d'eau au-dessus de la moyenne (*voir* fig. 3.2d-f et 3.3a-c). Les moyennes mensuelles de l'intensité de cyclones (*voir* fig. 3.2e, 3.2f comparées à la 3.2d) ont augmentées pour la période humide comparativement à la période moins humide mais ces augmentions ne sont pas significatives. La comparaison des cartes 3.3a et 3.3b avec la carte 3.3c nous indique que les différences absolues de la circulation moyenne entre les deux périodes sont très faibles (sous 2%). Aussi, pour notre zone, la vitesse de déplacement des cyclones a diminuée presque partout (*voir* les fig. 3.3e, 3.3f comparées à la 3.3d) pendant la période humide par rapport à la période sèche ; autrement dit, les cyclones sont plus lents dans leurs déplacements au-dessus de LG (environ 0.4 km/h).

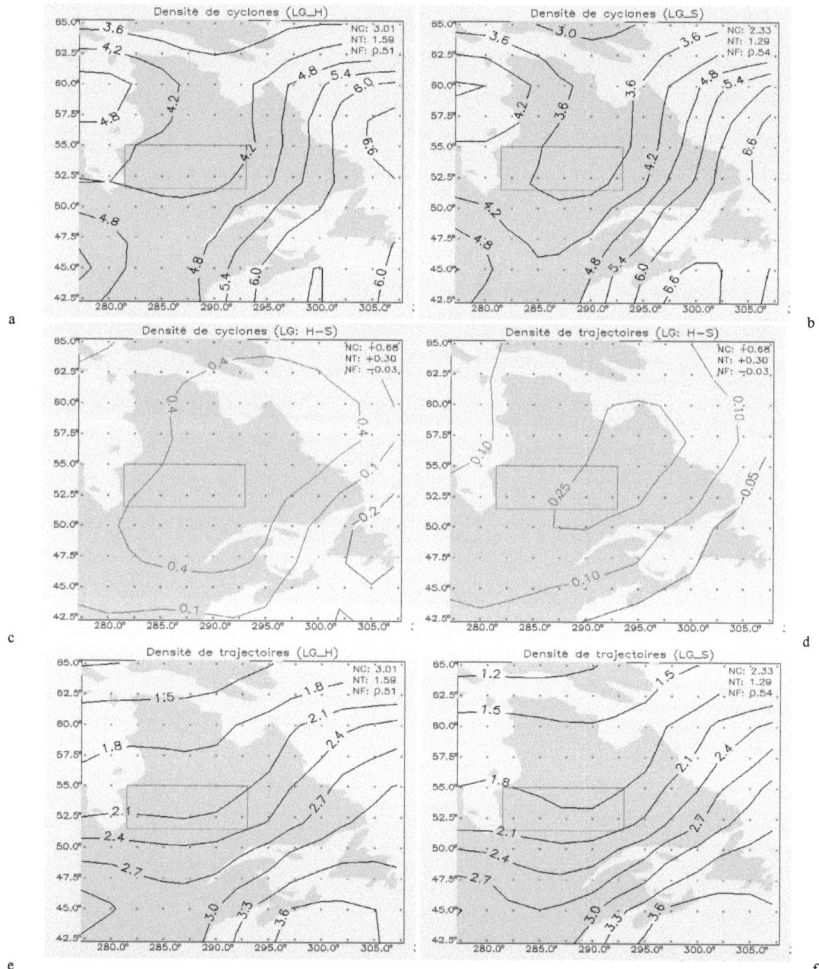

Figure 3.1 : La densité de cyclones et de trajectoires de LG pour : (a, e) la période humide et (b, f) la période sèche. La différence entre les deux périodes pour : (c) la densité de cyclones et d) la densité de trajectoires.

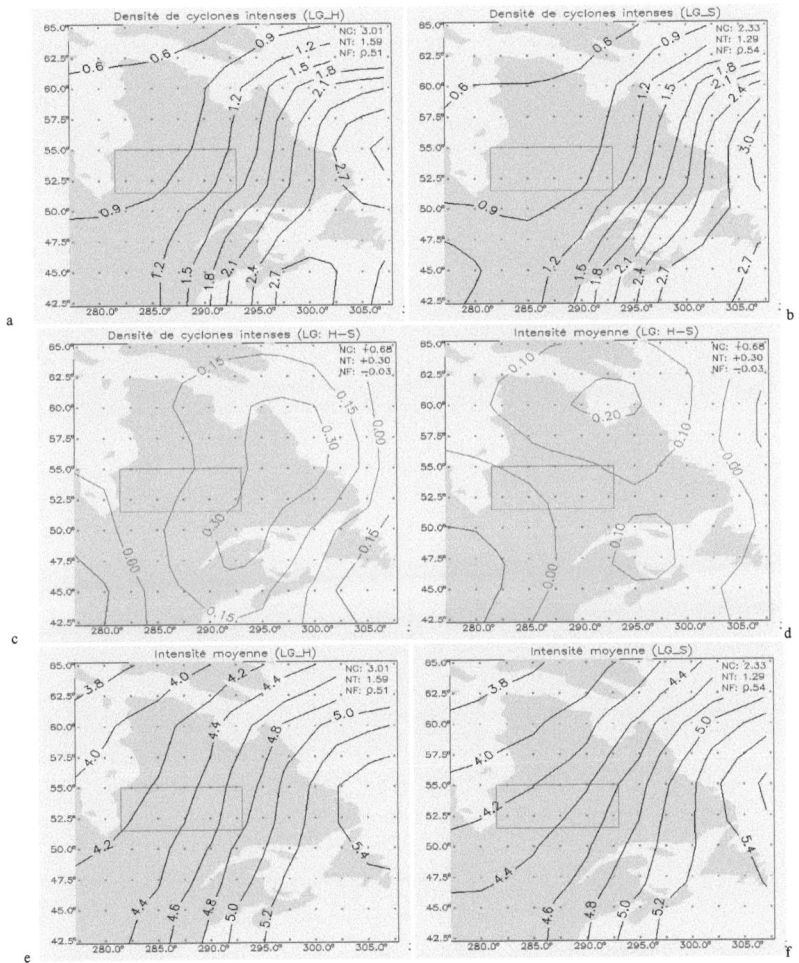

Figure 3.2 : La densité de cyclones intenses de LG pour : (a) la période humide, (b) la période sèche et (c) la différence entre les deux périodes. La moyenne de l'intensité de LG pour : (e) la période humide, (f) la période sèche et (d) la différence entre les deux périodes.

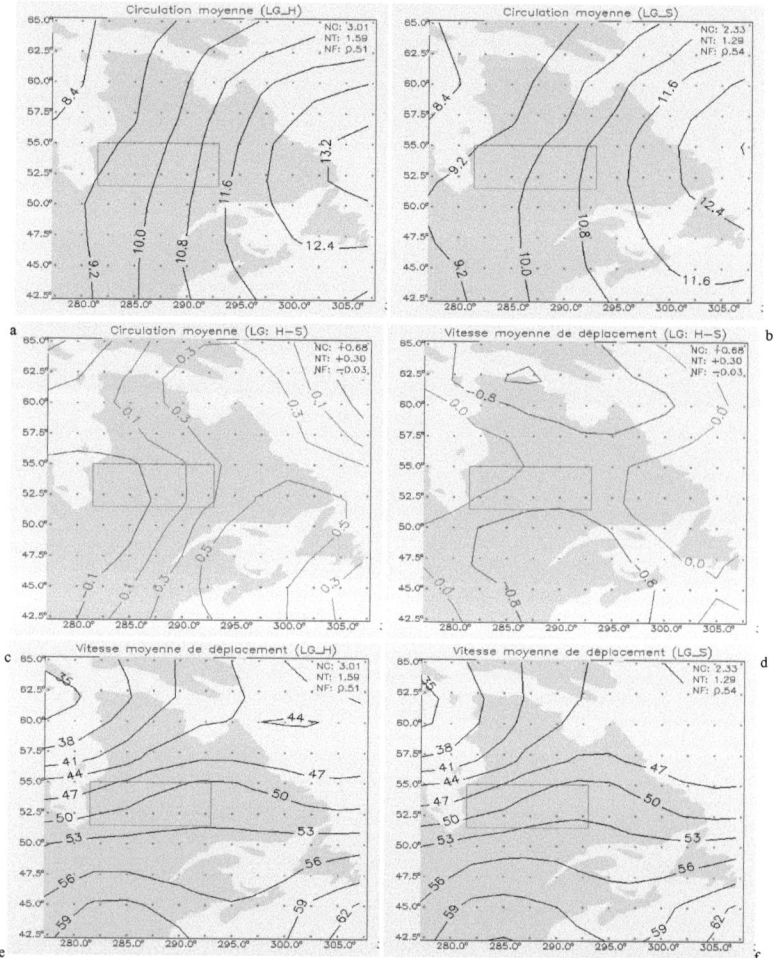

Figure 3.3 : La circulation moyenne de LG pour : (a) la période humide, (b) la période sèche et (c) la différence entre les deux périodes. La vitesse moyenne de déplacement de LG pour : (e) la période humide, (f) pour la période sèche et (d) la différence entre les deux périodes.

Toujours pour la même région du bassin de La Grande, la figure 3.4a montre la distribution temporelle du nombre de cyclones pour chacun des sept mois pour lesquels on effectue notre calcul (NDJFMAM). Même s'il y a des mois avec un nombre plus grand de cyclones pendant la période sèche, il y a également des mois avec une grande différence du nombre de cyclones pendant les années plus humides. Ainsi, pour les mois de novembre, mars et mai, on note des différences positives importantes pour LG_H en faveur des années humides concernant la moyenne mensuelle du nombre de cyclones.

La figure 3.4b confirme le fait déjà observé, à savoir qu'il n'a pas de différences significatives de l'intensité moyenne pour LG entre les années de faible hydraulicité et les années de forte hydraulicité (avec une légère supériorité pour la période sèche).

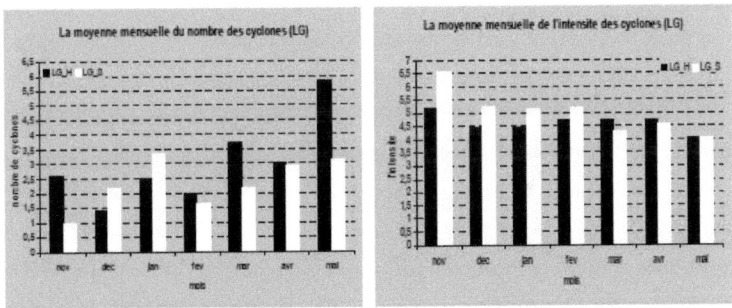

Figure 3.4 : (a) La distribution mensuelle des centres cycloniques et (b) l'intensité moyenne mensuelle dans le rectangle (lg). En noir – la période humide (LG_H) - et en blanc – la période sèche (LG_S).

Discutons maintenant des différences entre les deux périodes relativement aux trois mois pour lesquels on compte un grand nombre de cyclones pour les années humides en nous aidant des figures 3.5,6 et du tableau 3.1. On a réuni au tableau 3.1 les résultats qui apparaissent au coin supérieur droit des figures 3.1a, 3.1b, 3.5a et 3.5b. Ce tableau présente les caractéristiques des cyclones pour les deux périodes d'hydraulicité avec sept mois et trois mois respectivement.

Tableau 3.1

Les caractéristiques des cyclones du rectangle (lg) qui couvre la région LG pour les deux périodes d'hydraulicité (humide/sèche) calculées sur les 7 mois et sur les 3 mois de forte activité cyclonique respectivement. La moyenne mensuelle est indiquée entre parenthèses.

LG		Cyclones	Trajectoires	Cyclones intenses
Humide (12 années)	7 mois	253 (3.01)	134 (1.59)	43 (0.51)
	NMM	137 (3.40)	67 (1.86)	22 (0.61)
Sèche (11 années)	7 mois	180 (2.33)	100 (1.29)	42 (0.54)
	NMM	75 (2.27)	37 (1.12)	13 (0.39)

Sur la figure 3.5a, au coin supérieur droit (*voir* aussi tab. 3.1) nous remarquons que pendant les 36 mois de forte hydraulicité (3mois*12 années), 3.4 cyclones/mois sont passés dans le rectangle par rapport à 2.27 cyclones/mois (137 vs 75 cyclones) pour la période plus sèche (33 mois=3mois*11 années de faible hydraulicité). Il y a donc une augmentation évidente (67%) du nombre de cyclones au-dessus de la région LG pendant la période humide par rapport à l'autre période. En comparant avec les résultats déjà obtenus et présentés à la figure 3.1a, les 137 cyclones représentent 54% du nombre total des cyclones qui sont passés dans la zone LG pendant la période plus humide (avec 7 mois). Si on refait les mêmes calculs pour les années sèches en ne tenant compte que des 3 mois NMM, les 75 cyclones qui ont traversé LG représentent 42% du nombre total de cyclones qui ont touché cette région pendant les mêmes années. Les mesures statistiques concernant les trajectoires montrent la même tendance. Ainsi, pendant les trois mois des années plus humides, la région LG a été traversée par 67 trajectoires (50% du nombre total) comparativement à 37 (37% du nombre total) pendant les trois mois des années mois humides ; il y a donc 0.74 trajectoire de plus par mois pour la période humide (66%). Pour les cyclones intenses, plus de la moitié du nombre de cyclones intenses a touché LG pendant les mois de novembre, mars et mai des années plus humides (22 du 43, *voir* tab. 3.1). En faisant la moyenne, nous observons que le nombre de cyclones intenses a augmenté de 0.22 par mois, c'est-à-dire de 56%, pendant les années humides.

L'examen de la distribution spatiale des trois mesures de densités révèle de grandes différences en faveur de la période de forte hydraulicité. La comparaison des figures 3.5a et 3.1a pour les cyclones, 3.5e et 3.1e pour les trajectoires, et 3.6a et 3.2a pour les tempêtes, montre que les moyennes mensuelles des trois mesures statistiques sont supérieures aux valeurs calculées sur sept mois. Évidemment, les augmentations pour la période humide ne sont pas tout à fait exactes, comme les changements décrits au paragraphe précédent (la proportion n'est pas respectée) et cela à cause de la méthode de calcul différente. Rappelons que dans le rectangle les cyclones sont comptés seulement une fois et seulement à l'intérieur du rectangle tandis que pour les densités, le calcul se fait sur le cercle de 333 km autour de chaque point de grille - un cyclone peut donc être compté plusieurs fois. Pour les trois mois (voir fig. 3.5b,f et 3.6b,f) de la période sèche, il n'y a pas de changements significatifs par rapport à la période totale (*voir* fig. 3.1b,f et 3.2b,f). Aussi, on remarque qu'au sud et sud-est il y a un maximum de différence entre les deux périodes. Une diminution de la vitesse de déplacement des cyclones (d'environ 1.2 km/h) est constatée lorsqu'on compare les figures 3.6e et 3.3e, ou autrement dit, la vitesse moyenne des cyclones calculée sur ces trois mois est plus faible que la vitesse moyenne des cyclones calculée sur sept mois. Aussi, il y a une diminution plus faible de la vitesse de déplacement pour la période moins humide (fig. 3.6f comparée à 3.3f).

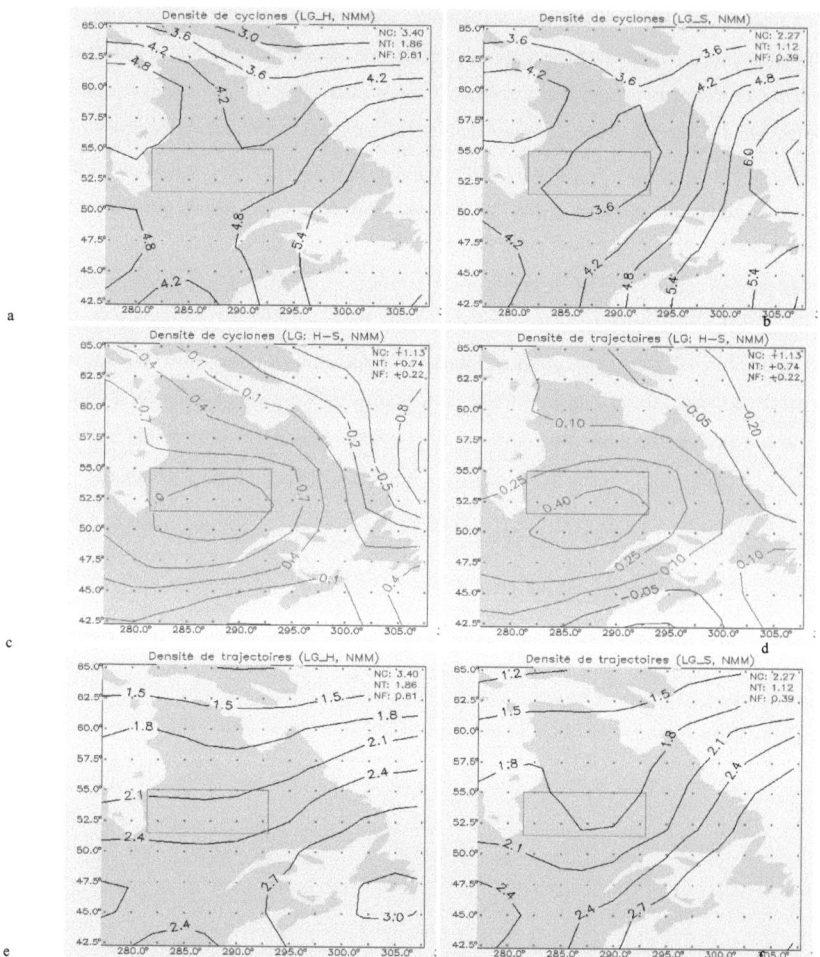

Figure 3.5 : L'évolution des statistiques pour les trois mois (NMM). La densité de cyclones intenses de LG pour : (a) la période humide, (b) la période sèche et (c) la différence entre les deux périodes. La moyenne de l'intensité de LG pour : (e) la période humide, (f) la période sèche et (d) la différence entre les deux périodes.

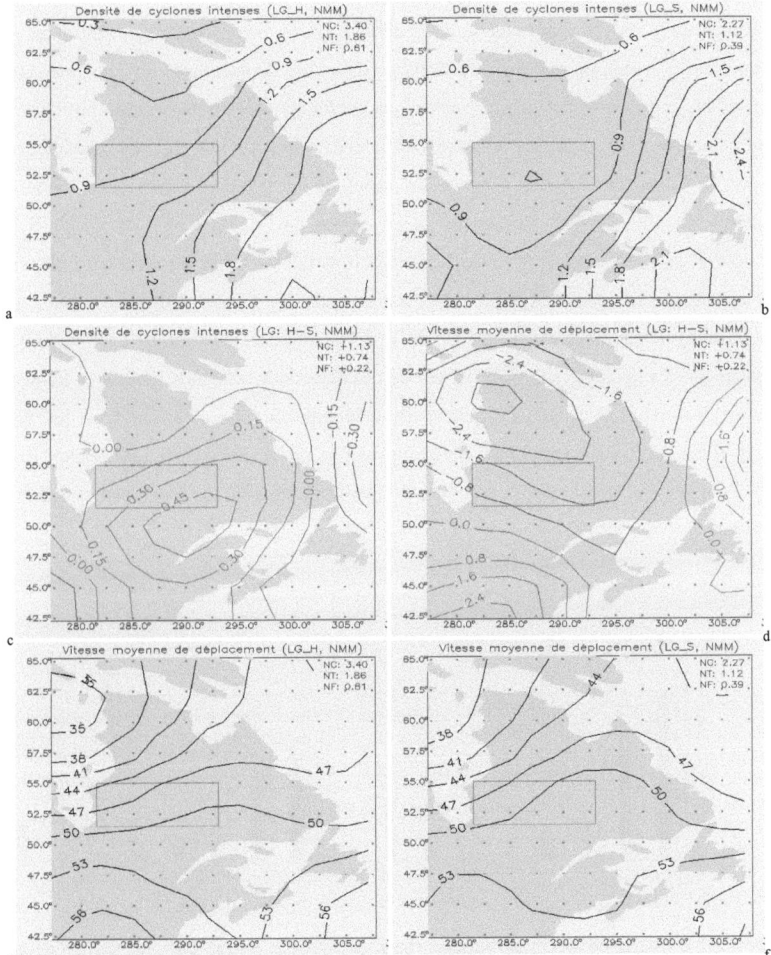

Figure 3.6 L'évolution des statistiques pour les trois mois (NMM). La densité de cyclones intenses de LG pour : (a) la période humide et (b) la période sèche et (c) la différence entre les deux périodes. La vitesse moyenne de déplacement de LG pour : (e) la période humide, (f) la période sèche et (d) la différence entre les deux périodes.

Pour connaître la variation du nombre de cyclones selon la direction, nous avons calculé, pour chaque direction, la moyenne mensuelle de la densité de cyclones (*voir* l'explication au sous-chapitre 2.2.2). La carte 3.7 indique que les directions préférées de déplacement des cyclones sont E, NE et aussi SE et N; une augmentation du nombre de cyclones pendant la période humide de LG a été enregistrée presque dans toutes les directions à l'intérieur du rectangle (lg). La figure 3.7a indique que par rapport à la période sèche, pendant les mois de NMM de la période humide, il y a une augmentation de plus de 60% du nombre de cyclones qui viennent des directions E (plus de six cyclones par mois). Il y a aussi des augmentations plus faibles selon les directions N et SE avec une quantité significative de cyclones. En d'autres mots, pendant la période humide il y a une augmentation du nombre de cyclones qui proviennent du Golfe du St-Laurent, des Grands Lacs et de la Baie James (on suppose que les cyclones qui proviennent de ces directions sont plus humides). Pendant les autres quatre mois (DJFA), les valeurs de densité de cyclones selon la direction pour les deux périodes humide et sèche sont plus rapprochées, avec un petit avantage pour la période sèche (*voir* fig. 3.7b). Mais cet avantage est annulé par la pauvreté de l'eau précipitable des cyclones existants pendant les mois d'hiver.

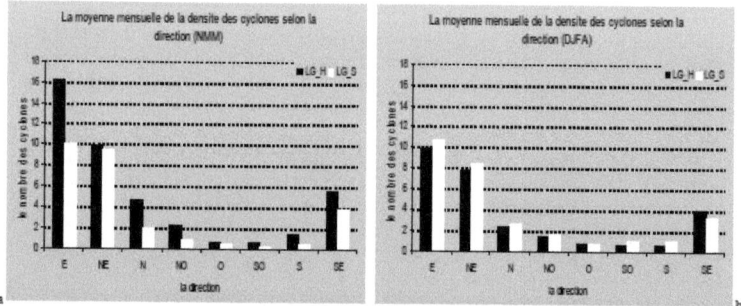

Figure 3.7 : Moyenne de la différence (période humide moins période sèche) de la densité de cyclones en fonction de la direction pour le rectangle couvrant le bassin La Grande, normalisée par le nombre de mois : a) pour NMM et b) pour DJFA. Le calcul a été fait pour tous les points de grille inclus dans le rectangle (dix points de grille).

3.1.2 Les bassins versants d'Outaouais et de St-Maurice (OM)

Le rectangle de la figure 3.8-10 (om) couvre les deux bassins versants du sud du Québec, Outaouais et St-Maurice (OM), et sa surface est comprise entre 45 et 49 degrés de latitude et 280 et 288 degrés de longitude. Tout comme pour la région LG, deux calculs relatifs aux centres cycloniques ont été faits pour les régions OM : un calcul pour les cyclones qui sont passés à l'intérieur du rectangle et un autre pour les cyclones qui sont passés à l'intérieur du cercle de 333 km, centré sur chacun des points de grille.

Tout d'abord, en regardant au coin supérieur droit de la figure 3.8a, on remarque que pendant les douze années de forte hydraulicité, dans la région OM, 3.89 cyclones/mois sont passés dans la zone rectangulaire versus une moyenne de 3.26 pour les dix-sept années de la période de faible hydraulicité (*voir* fig. 3.8b), c'est-à-dire qu'il y a une augmentation de 19% (+0.63) du nombre de cyclones pour la période humide comparativement à la période sèche. Sur ces mêmes cartes, on observe une variation moins importante (13%) pour la période humide où le nombre de trajectoires a augmenté de +0.29 trajectoire par mois (207 vs 259 trajectoires, *voir* tab. 3.2). Un changement plus significatif (+28%) se produit au niveau du nombre de cyclones intenses en faveur de la période humide (73 pour la période humide et 80 pour l'autre période, *voir* tab. 3.2).

Les différences des caractéristiques des cyclones pour OM s'inscrivent dans les mêmes limites que pour LG (même ordre de grandeur). Ainsi, en regardant les différences des statistiques pour la densité de cyclones (*voir* fig. 3.8a,b comparées à la fig. 3.8c), de trajectoires (*voir* fig. 3.8e,f comparées à la fig. 3.8d) et de cyclones intenses (*voir* fig. 3.9a,b comparées à la fig. 3.8c), nous observons une plus grande activité cyclonique au-dessus des deux bassins versants pendant la période plus humide. Par comparaison (*voir* fig. 3.1c,d et 3.2e vs 3.8c,d et 3.9c), on remarque que les différences entre les deux périodes sont plus évidentes pour OM que pour LG.

On note également une augmentation de l'intensité et de la circulation des cyclones pour la période humide (*voir* fig. 3.9d et 3.10c). Si pour LG on a observé une diminution de la moyenne de la vitesse de déplacement des cyclones pour la période humide, nous ne pouvons en dire autant pour OM (*voir* fig. 3.10d). Ainsi, la région est divisée en deux partie : la partie ouest où les cyclones se déplacent plus vite pendant la période humide que pendant la période sèche et la partie est où les cyclones des années de forte hydraulicité se déplacent plus lentement que les autres.

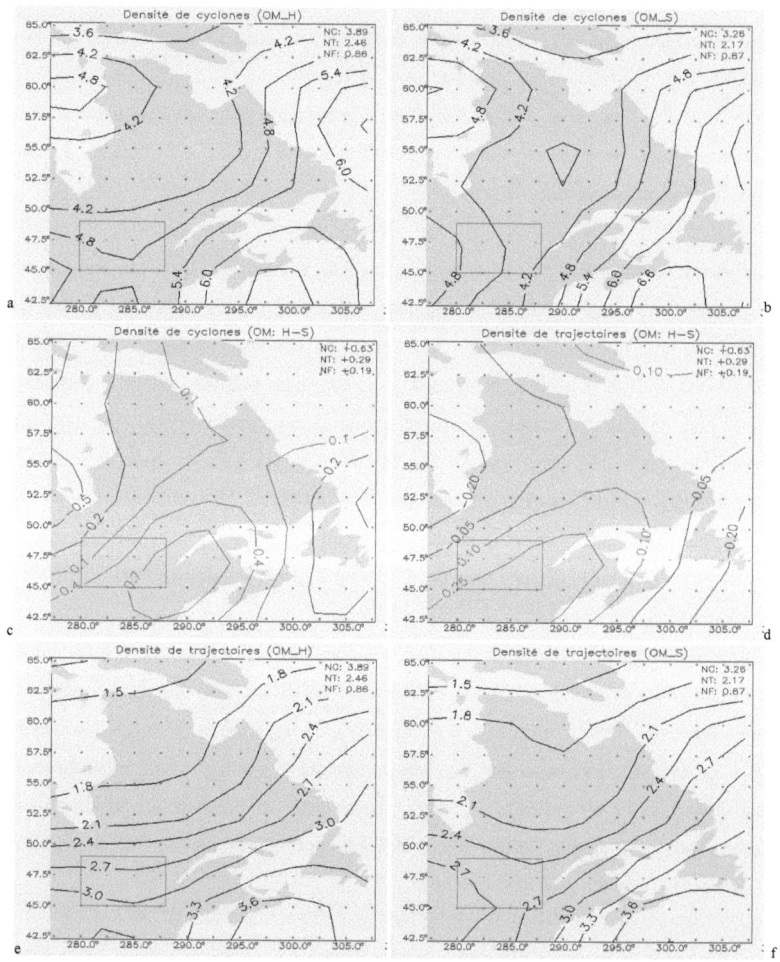

Figure 3.8 : La densité de cyclones et de trajectoires de OM pour : (a, e) la période humide et (b, f) la période sèche. La différence entre les deux périodes pour : (c) la densité de cyclones et (d) la densité de trajectoires.

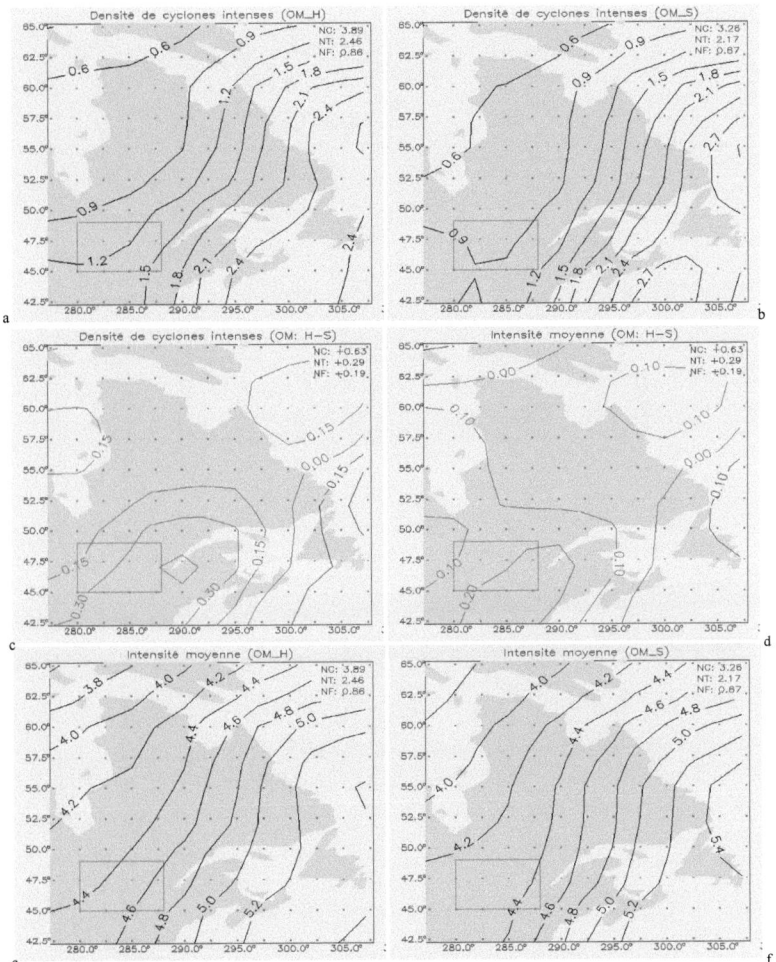

Figure 3.9 : La densité de cyclones intenses de OM pour : (a) la période humide, (b) la période sèche et (c) la différence entre les deux périodes. L'intensité moyenne de OM pour : (e) la période humide, (f) la période sèche et (d) la différence entre les deux périodes.

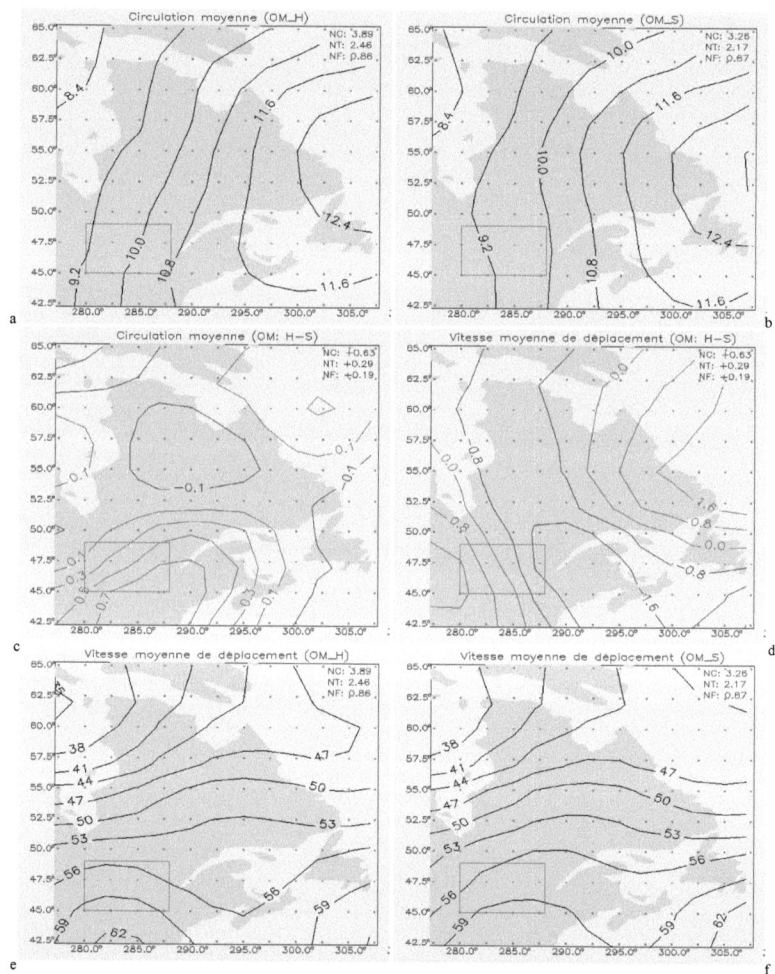

Figure 3.10 : La circulation moyenne de OM pour : (a) la période humide, (b) la période sèche et (c) la différence entre les deux périodes. La vitesse moyenne de déplacement de OM pour : (e) la période humide, (f) la période sèche et (d) la différence entre les deux périodes.

La distribution de la moyenne mensuelle du nombre de cyclones montre (fig. 3.11a) que pendant les derniers trois mois (mars, avril et mai - MAM) il y a un nombre plus important de cyclones pour la période humide que pour la période sèche dans la région de OM.

En examinant la distribution de la moyenne du nombre de cyclones en fonction de l'intensité (*voir* fig. 3.11b) nous constatons une légère augmentation de la moyenne de l'intensité pendant la période humide. En tenant compte des deux figures concernant l'intensité pour les régions OM et LG (*voir* fig. 3.4b et 3.11b) on voit que, dans ces cas, la contribution de l'intensité ne joue pas un rôle déterminant dans les variations d'apport d'eau dans les trois bassins versants.

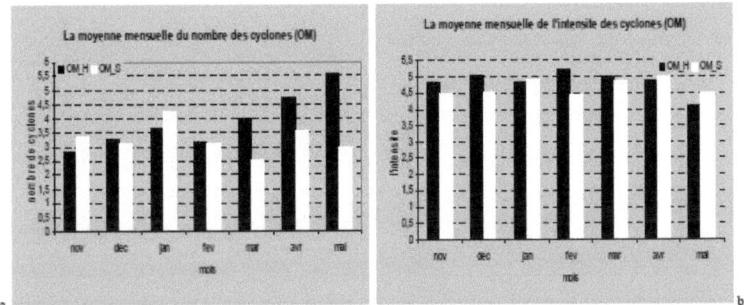

Figure 3.11 : (a) La distribution mensuelle des centres cycloniques et (b) l'intensité moyenne mensuelle dans le rectangle (om). En noir – la période humide (OM_H) - et en blanc – la période sèche (OM_S).

Examinons maintenant les caractéristiques des cyclones pour les trois mois de mars, avril et mai. En s'appuyant sur la figure 3.11a, nous combinons les mois de mars, avril et mai, mois qui présentent un écart important du nombre de cyclones entre les périodes humide et sèche. Pour faire ressortir les différences, nous procéderons comme pour la région LG. L'information est synthétisée au tableau 3.2.

Tableau 3.2

Les caractéristiques des cyclones du rectangle (om) qui couvre la région OM pour les deux périodes de hydraulicité (humide/sèche) calculées sur 7 mois et sur 3 mois de forte activité cyclonique respectivement (MAM : mars, avril et mai). La moyenne mensuelle est indique entre parenthèses.

OM		Cyclones	Trajectoires	Cyclones intenses
Humide (12 années)	7 mois	327 (3.89)	207 (2.46)	73 (0.86)
	MAM	168 (4.66)	96 (2.66)	34 (0.94)
Sèche (17 années)	7 mois	389 (3.26)	259 (2.17)	80 (0.67)
	MAM	154 (3.01)	99 (1.94)	35 (0.68)

Les informations qui apparaissent au coin supérieur droit de la figure 3.12a (*voir* tab. 3.2) montrent que, dans le rectangle qui couvre les deux bassins versants, pendant les 36 mois des années plus humides pour OM (3mois*12 ans de forte hydraulicité) 4.66 cyclones/mois sont passés par rapport à 3.01 (*voir* fig. 3.12b) pour les 51 mois de la période plus sèche (3 mois*17 ans de faible hydraulicité). Comme pour LG, il y a une augmentation évidente (54%) du nombre de cyclones au-dessus des OM pendant les trois mois de la période humide par rapport à l'autre période. En reliant ces résultats à ceux obtenus dans les figures 3.8, on obtient que ces 168 cyclones représentent 51% du nombre total de cyclones qui ont touché les deux bassins pendant les sept mois de la période plus humide (327 cyclones). Aussi, pendant les trois mois (MAM) des années moins humides, les 154 cyclones qui ont traversé OM représentent 40% du nombre total qui ont touché cette région pendant les sept mois (NDJFMAM) des mêmes années. Pendant les mêmes trois mois des années plus humides, 96 trajectoires (46% du nombre total) ont traversé OM par rapport à 99 (38% du nombre total) pour les années moins humides ; cela équivaut à une augmentation de 0.72 trajectoire/mois (37%) pendant les mois MAM de la période humide. Pour les tempêtes, presque la moitié du nombre de cyclones intenses a touché OM pendant les mois de mars à mai des années plus humides (34 du 73).

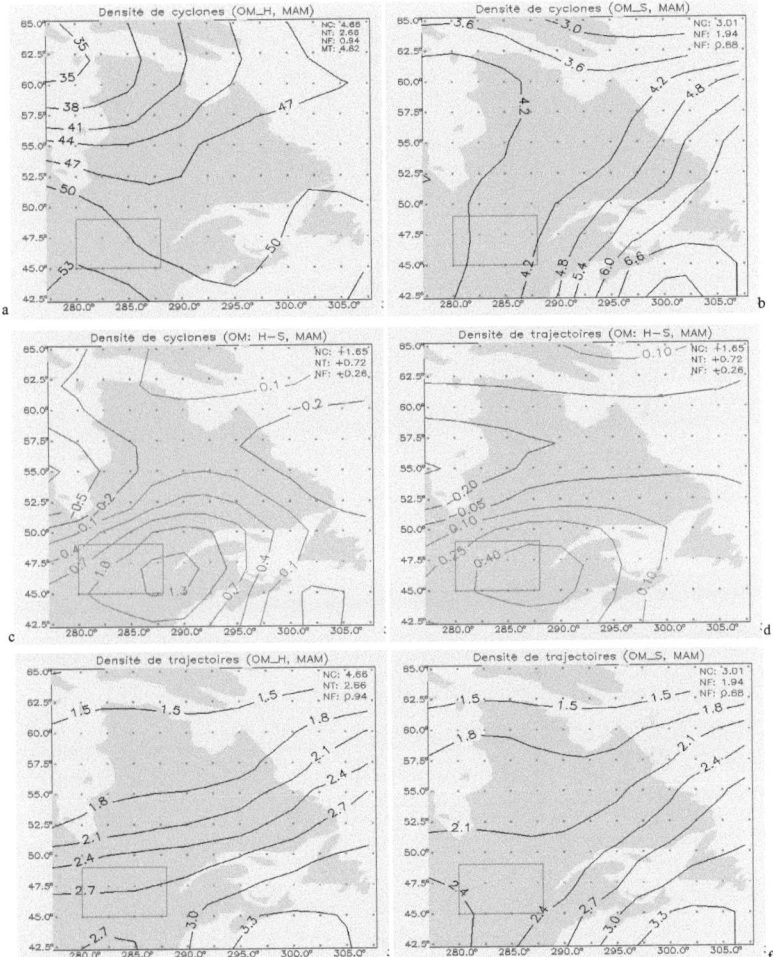

Figure 3.12 : L'évolution des statistiques pour les trois mois (MAM). La densité de cyclones et de trajectoires de OM pour : (a, e) la période humide et (b, f) la période sèche. La différence entre les deux périodes pour : (c) la densité de cyclones et (d) la densité de trajectoires.

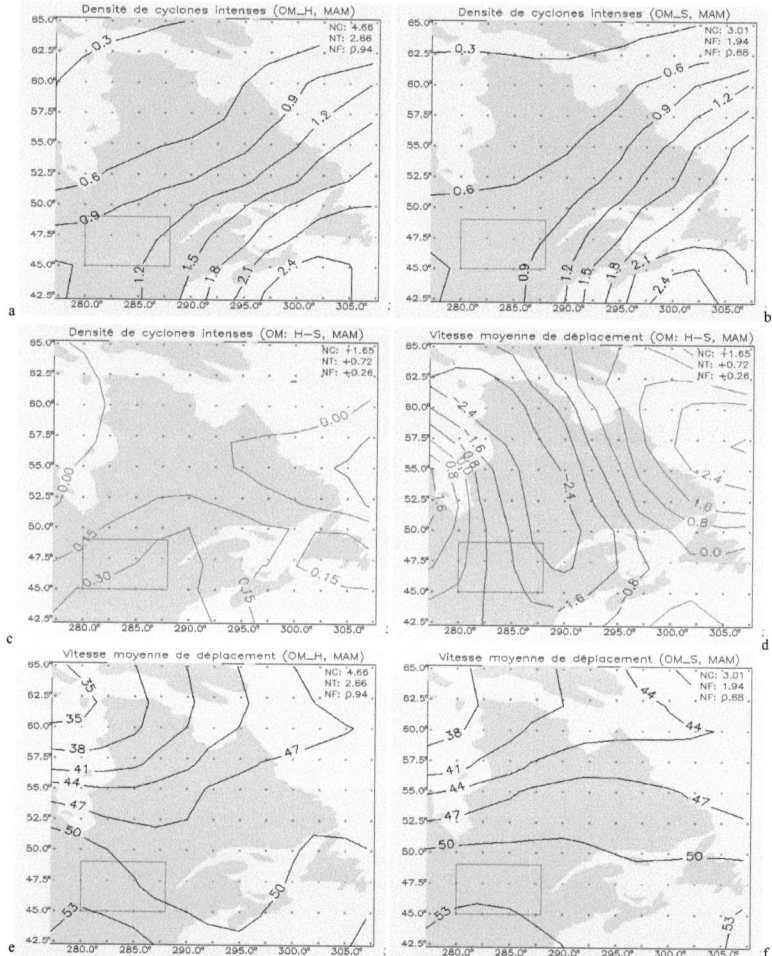

Figure 3.13 : L'évolution des statistiques pour les trois mois (MAM). La densité de cyclones intenses de OM pour : (a) la période humide, (b) la période sèche et (c) la différence entre les deux périodes. La vitesse moyenne de déplacement de OM pour : (e) la période humide, (f) la période sèche et (d) la différence entre les deux périodes.

En comparant les densités calculées pour les trois mois (*voir* fig. 3.12c,d et 3.13c) à celles calculées pour les sept mois (*voir* fig. 3.8c,d et 3.9c), on trouve que seule la différence de la densité de cyclones pour le printemps est plus importante que pour la période totale de sept mois. La densité de trajectoires et la densité de cyclones intenses pour les trois mois de printemps s'inscrivent, par la différence humide versus sèche, dans les mêmes limites que pour les sept mois. Mais si on compare les valeurs, ces deux densités ne sont pas maximales pour les trois mois printaniers, c'est-à-dire que la plupart des trajectoires et des cyclones intenses passent en novembre et pendant les mois hivernaux. Ainsi, pour la densité de trajectoires, au printemps il a y une faible diminution de 0.20-0.25 trajectoires par mois par rapport au total pour les deux périodes. La concordance entre l'augmentation du nombre de cyclones et la diminution du nombre de trajectoires en faveur de la période humide peut trouver une explication dans une diminution de la vitesse de déplacement des cyclones (*voir* la figure 3.13e comparée aux figures 3.10e) où pour la période humide, les cyclones printaniers passent au-dessus des OM avec une vitesse moyenne de 51 km/h par rapport aux cyclones comptabilisés sur les sept mois qui traversent la région avec une vitesse moyenne de 57 km/h.

La carte 3.14a montre qu'il y a une augmentation du nombre de cyclones pendant les trois mois de la période humide de OM presque dans toutes les directions à l'intérieur du rectangle (om). En particulier, pour la direction NE, on observe une augmentation de 110% en faveur de la période humide. On observe également des augmentations importantes dans les directions E et SE. Il y a donc une augmentation de la densité de cyclones durant les années humides pour les cyclones provenant des Grands Lacs et de la Baie James. Pour les autres quatre mois (NDJF), il n'y a pas de différences notables entre les deux périodes (humide/sèche, *voir* fig. 3.14b).

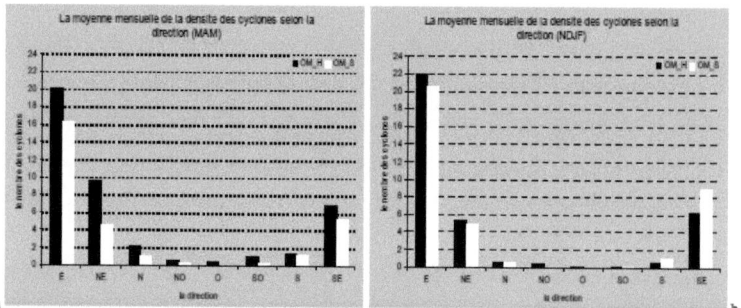

Figure 3.14 : Moyenne de la différence (période humide moins période sèche) de la densité de cyclones en fonction de la direction pour les bassins Outaouais et St-Maurice, normalisée par le nombre de mois : a) pour MAM et b) pour NDJF. Le calcul a été fait pour tous les points de grille inclus dans le rectangle (huit points de grille).

3.1.3 Le bassin versant de Churchill (CH)

Le rectangle de la figure 3.15-18 (ch) couvre le bassin versant du Labrador, Churchill (CH) dont les limites sont comprises entre 52 et 55.5 degrés de latitude et entre 291.5 et 298.5 degrés de longitude. Encore une fois, nous ferons deux calculs concernant les centres cycloniques : un calcul pour dénombrer les cyclones qui étaient présent à l'intérieur du rectangle au moment des analyses et un autre pour dénombrer les cyclones qui ont passés à l'intérieur du cercle de 333 km.

Tout d'abord, l'information contenue au coin supérieur droit de la figure 3.15a nous dit que pendant les onze années de forte hydraulicité (11*7=77 mois) pour CH, une moyenne de 2.53 cyclones/mois sont passés dans la zone délimitée par le rectangle par rapport à 2.34 cyclones/mois des treize années de la période de faible hydraulicité (13*7=91 mois). Donc, il y a une augmentation de 8% (+0.19) du nombre de cyclones pour la période humide comparée à la période sèche. Le même changement (8%) est observé pour la période humide où le nombre de trajectoires a augmenté de +0.12 trajectoire par mois. Un changement plus significatif (+16%) se produit au niveau du nombre de cyclones intenses en faveur de la période humide. En résumé, les changements au-dessus de CH ne sont pas aussi significatifs que pour les deux autres régions étudiées plus tôt.

Si on s'arrête sur les résultats obtenus pour des densités calculées sur le bassin Churchill, les différences des caractéristiques des cyclones respectent les mêmes limites. Ainsi, les différences pour la densité de cyclones (*voir* fig. 3.15a,b avec leurs différences dans 3.15c), de trajectoires (*voir* fig. 3.15e,f avec 3.15d) et de cyclones intenses (*voir* fig. 3.16a,b avec 3.16c) sont favorables à la période plus humide et les différences sont maximales dans la partie de sud, sud-est du bassin.

En faisant une comparaison avec les résultats obtenus antérieurement, pour LG et OM, pour le bassin CH (*voir* fig. 3.16c,d comparées aux 3.2c,d et 3.9c,d) les différences entre les deux périodes sont plus évidentes lorsqu'on parle de la densité de cyclones intenses et de la moyenne de l'intensité. Aussi, au sujet de la circulation des cyclones, des différences plus importantes sont enregistrées pour la période humide de CH que pour LG et OM (*voir* la figure 3.17c comparée aux 3.3c et 3.10c). Aussi, les différences de la vitesse moyenne entre les deux périodes pour CH sont plus prononcées que pour les autres régions (*voir* fig. 3.17d, 3.3d et 3.10d).

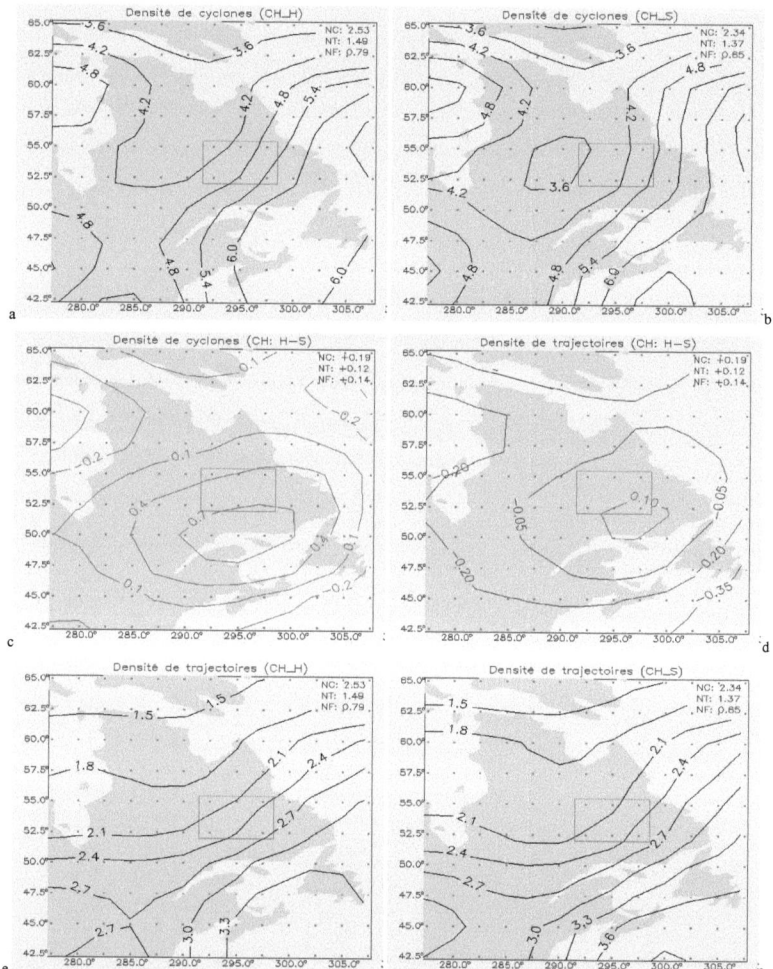

Figure 3.15 : La densité de cyclones et de trajectoires de CH pour : (a, e) la période humide et (b, f) pour la période sèche. La différence entre les deux périodes pour : (c) la densité de cyclones et (d) la densité de trajectoires.

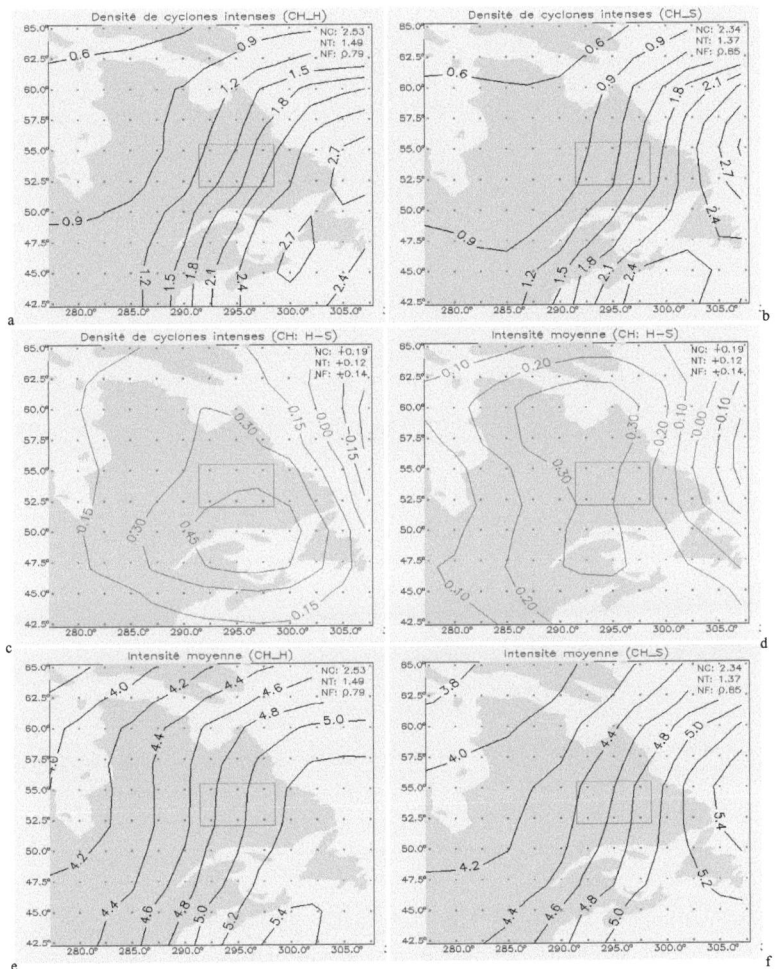

Figure 3.16 : La densité de cyclones intenses de CH pour : (a) la période humide, (b) la période sèche et (c) la différence entre les deux périodes. L'intensité moyenne de CH pour (e) la période humide, (f) la période sèche et (d) la différence entre les deux périodes.

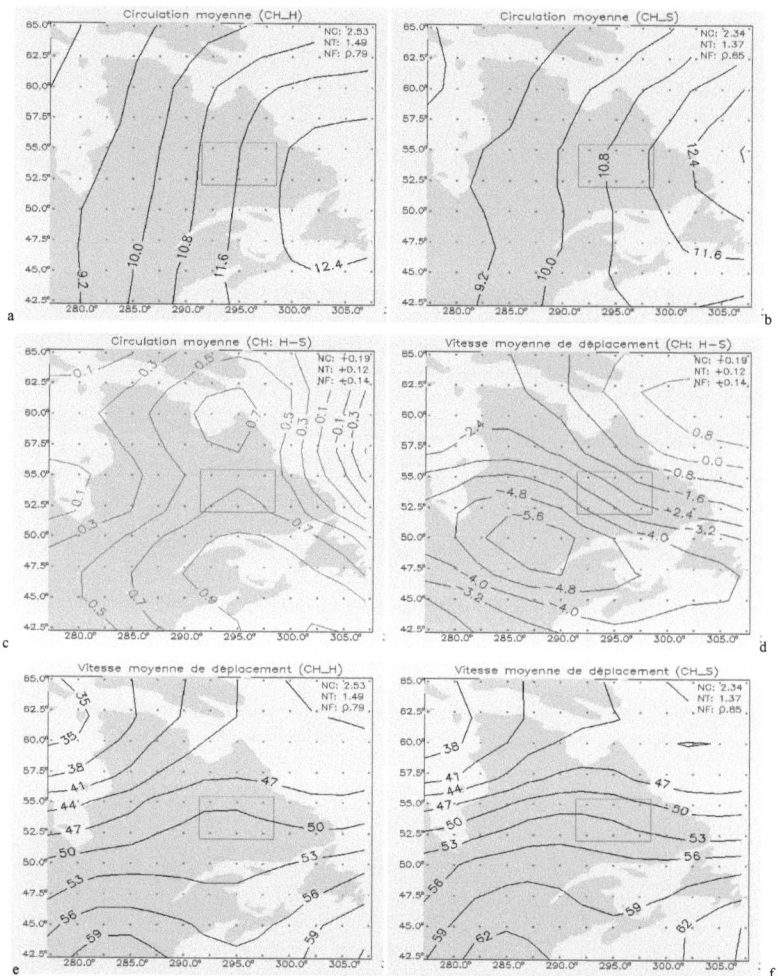

Figure 3.17 : La circulation moyenne de CH pour : (a) la période humide, (b) la période sèche et (c) la différence entre les deux périodes. La vitesse moyenne de déplacement de CH pour : (e) la période humide, (f) la période sèche et (d) la différence entre les deux périodes.

Pour la région CH, on observe que ce sont les mêmes mois que pour la région LG (novembre, mars et mai) pour lesquels on compte un plus grand nombre de cyclones (*voir* fig. 3.18a). L'intensité des cyclones au-dessus de Churchill est supérieure pendant la période humide comparativement à la période sèche (*voir* fig. 3.18b) avec une seule exception, le mois de novembre où il y a une valeur d'intensité plus grande en faveur de la période sèche. Bizarrement, le nombre de cyclones au mois d'avril est beaucoup plus grand pour les années de faible hydraulicité que pour les années de forte hydraulicité.

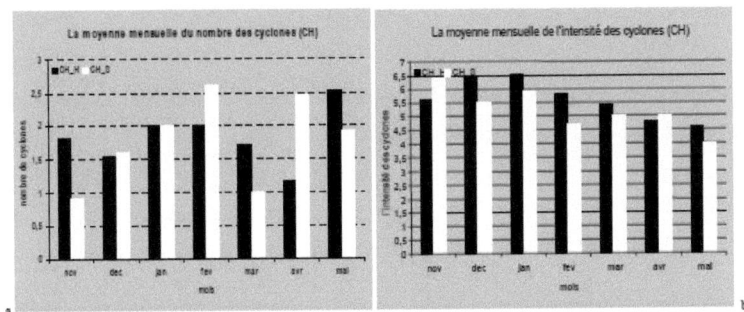

Figure 3.18 : (a) La distribution mensuelle des centres cycloniques et (b) l'intensité moyenne mensuelle dans le rectangle (ch). En noir – la période humide (CH_H) - et en blanc – la période sèche (CH_S).

Dans les pages suivantes, nous examinerons les caractéristiques des cyclones pour les mois de novembre, mars et mai, les mois pour lesquels on observe une grande différence concernant le nombre de cyclones pour la période humide versus la période sèche. Les informations relatives à ces différences ont été reportées au tableau 3.3.

Tableau 3.3
Les caractéristiques des cyclones du rectangle (ch) qui couvre la région CH pour les deux périodes d'hydraulicité (humide/sèche) calcule sur les 7 mois et sur les 3 mois de forte activité cyclonique respectivement. La moyenne mensuelle est indiquée entre parenthèses.

CH		Cyclones	Trajectoires	Cyclones intenses
Humide	7 mois	195 (2.53)	115 (1.49)	61 (0.79)
(11 années)	NMM	92 (2.78)	55 (1.66)	25 (0.75)
Sèche	7 mois	213 (2.34)	125 (1.37)	60 (0.65)
(13 années)	NMM	67 (1.71)	45 (1.15)	18 (0.46)

Les valeurs apparaissant à figure 3.19a, coin supérieur droit, (*voir* aussi tab. 3.3) indiquent que dans le rectangle, 2.78 cyclones/mois sont passés pendant les 33 mois (3mois*11 ans de forte hydraulicité) par rapport à 1.71 cyclones/mois (*voir* fig. 3.19b) pour la période plus sèche (39mois=3mois*13 ans de faible hydraulicité), donc, une augmentation de 62%. En comparant ces résultats à ceux obtenus à la figure 3.15a, nous voyons que les 92 cyclones qui ont traversé CH pendant les trois mois de la période humide représente 47% du nombre total des cyclones qui dans leur passage ont touché la même région pendant les sept mois de la période plus humide. Pendant les trois mois pris en compte pour le calcul des années moins humides, le nombre de 67 cyclones qui ont traversé CH représente 31% du nombre total qui ont touché cette région pendant les mêmes années. Pour les trajectoires, pendant les trois mois des années plus humides, 55 trajectoires (47% du nombre total) ont traversé CH par rapport à 45 (36% du nombre total) pendant les trois mois des années moins humides (1.66 vs 1.15 trajectoires/mois); donc, il y a une augmentation de 0.51 trajectoire par mois pour la période humide (ou, en pourcentage, 44%). La moyenne mensuelle du nombre de cyclones intenses pour les trois mois des années humides est plus beaucoup grande que la moyenne mensuelle pour les mêmes mois des années sèches (plus de 63%).

En comparant les figures 3.19a et 3.15a pour les cyclones, 3.19d et 3.15d pour les trajectoires et 3.20c et 3.16c pour les cyclones intenses, les moyennes mensuelles des trois statistiques sont supérieures aux valeurs calculées sur les sept mois. Cette augmentation des différences entre les trois mois des deux périodes est causée par une diminution des densités pendant les trois mois de la période sèche (*voir* fig. 3.19b,f comparées aux 3.15b,f) plutôt que par une augmentation des densités pendant les trois mois de la période humide (*voir* fig. 3.19a,e comparées aux 3.15a,e). Comme auparavant, les différences maximales sont situées au sud et sud-est du bassin. D'après les figures 3.20f à 3.17f, une diminution (d'environ 4 km/h) de la vitesse de déplacement des cyclones est constatée pendant les trois mois des années sèches, c'est-à-dire que les cyclones qui passent pendant les trois mois sont plus lents que les cyclones qui passent pendant tous les sept mois des années moins humides. Une diminution plus faible de la vitesse de déplacement est constatée pour la période humide (fig. 3.20e comparée à 3.17e).

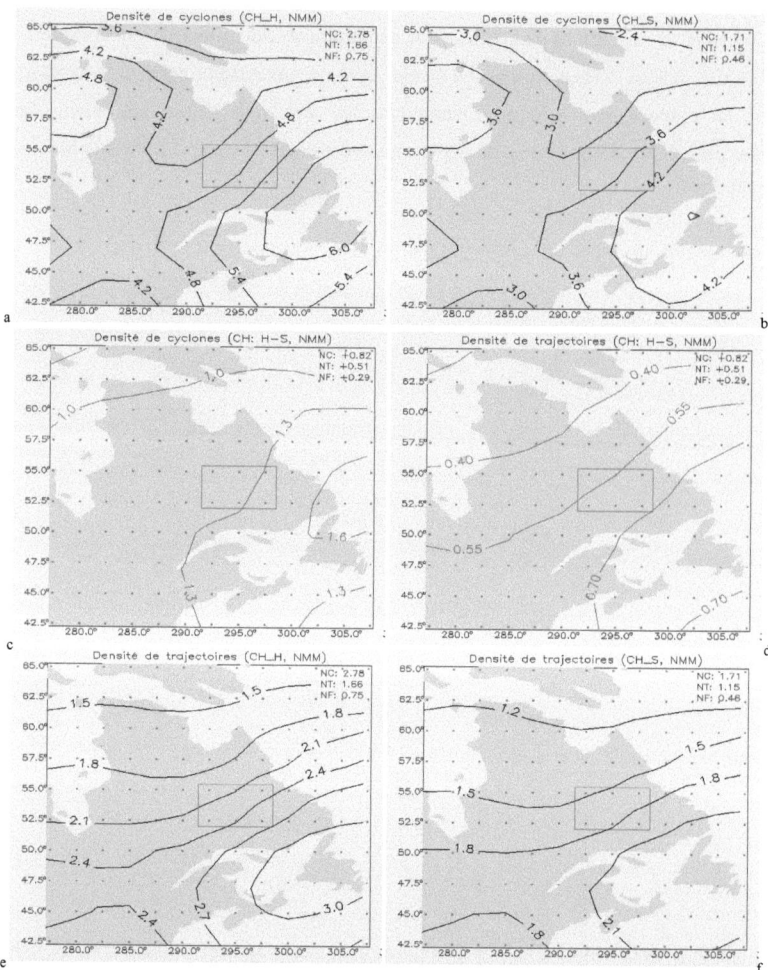

Figure 3.19 : L'évolution de statistiques pour les trois mois (NMM). La densité de cyclones et de trajectoires de CH pour : (a, e) la période humide et (b, f) pour la période sèche. La différence entre les deux périodes pour : (c) la densité de cyclones et (d) la densité de trajectoires.

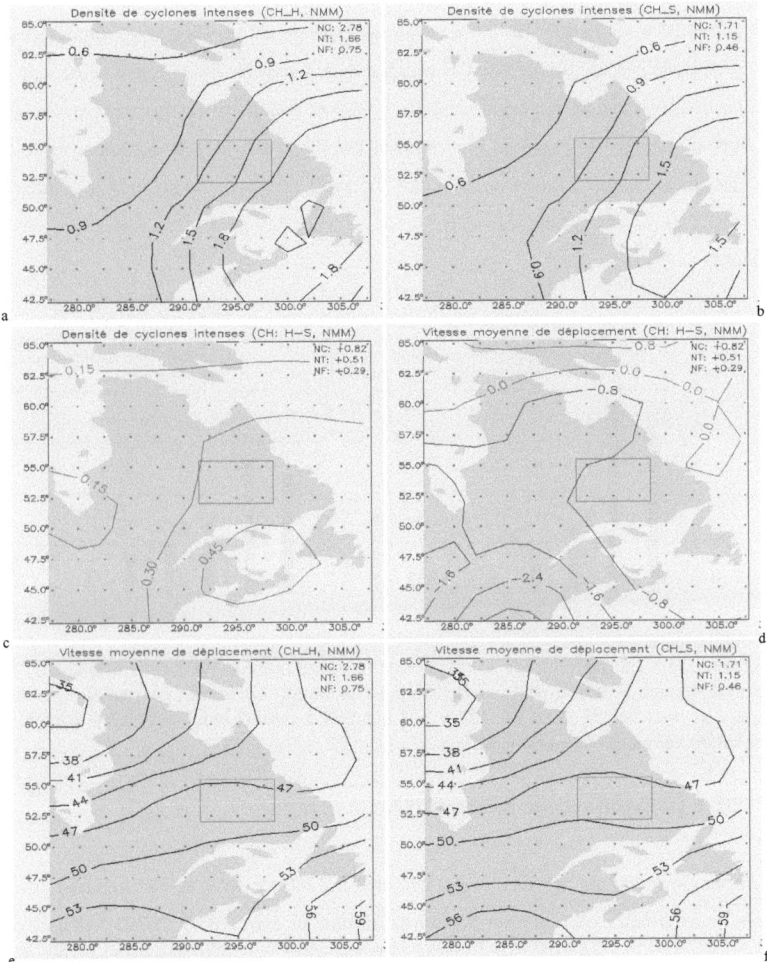

Figure 3.20 : L'évolution de statistiques pour les trois mois (NMM) La densité de cyclones intenses de CH pour : (a) la période humide, (b) la période sèche et (c) la différence entre les deux périodes. La vitesse moyenne de déplacement de CH pour : (e) la période humide, (f) la période sèche et (d) la différence entre les deux périodes.

La figure 3.21 nous montre qu'il y a une augmentation du nombre de cyclones pendant les trois mois (NMM) de la période humide de CH presque dans toutes les directions à l'intérieur du rectangle (ch). En particulier, pendant la période humide il y a une augmentation, par rapport à la période sèche, de plus 35% du nombre de cyclones qui viennent des directions du sud et sud-ouest, du Golfe du St-Laurent (les directions E, NE, N et SE). La figure 3.21b nous indique que, pendant les autres quatre mois (DJFA), les différences entre les deux périodes sont plus petites que pendant les trois mois (NMM).

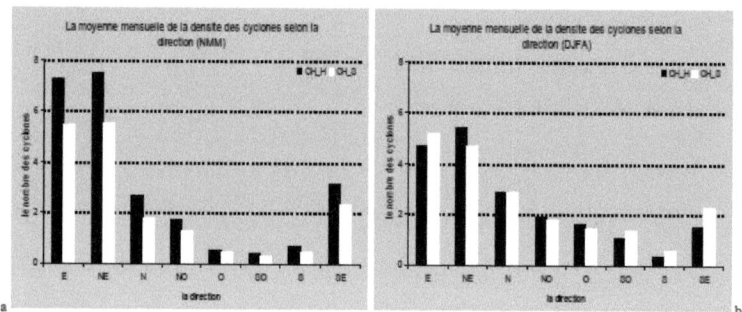

Figure 3.21 : La moyenne de la différence (période humide moins période sèche) de la densité de cyclones en fonction de la direction pour le bassin Churchill, normalisée par le nombre de mois : a) pour NMM et b) pour DJFA. Le calcul a été fait pour tous les points de grille inclus dans le rectangle (six points de grille).

3.1.4. Le bassin versant de Manic (MA)

Le rectangle (ma), qui apparaît sur les figures 3.22-25, couvre le bassin versant Manic (MA) ; sa surface se situe entre 48.5 et 53.5 degrés de latitude et entre 288.5 et 293.5 degrés de longitude. Pour MA, les mêmes calculs qu'auparavant ont été effectués, c'est-à-dire un calcul pour dénombrer les cyclones présents au moment de l'analyse à l'intérieur du rectangle et un calcul pour dénombrer les cyclones situés à l'intérieur du cercle de 333 km centre en chacun point de grille.

En regardant seulement l'activité cyclonique à l'intérieur du rectangle (*voir* fig. 3.22a au coin supérieur droit), les neuf années de forte hydraulicité pour MA, ont amenées 181 cyclones par rapport à 213 pour les quinze années de la période de faible hydraulicité, c'est-à-dire qu'il y a eu une augmentation de 40% (+0.83) du nombre de cyclones pour la période humide en comparaison à la période sèche. Pendant la période humide la moyenne mensuelle du nombre de trajectoires a augmentée avec +0.32 trajectoire (105 vs 141, c'est à dire +23%). Un changement très important de la moyenne mensuelle du nombre de tempêtes (113%) est constaté en regardant la période humide (62 cyclones intenses) par rapport à la période sèche (seulement 49).

En regardant les différences de densité de cyclones (*voir* fig. 3.22a,b comparées à la fig. 3.22c), de trajectoires (*voir* fig. 3.22e,f comparées à la fig. 3.22d) et de cyclones intenses (*voir* fig. 3.23a,b comparées à la fig. 3.23c) et aussi la moyenne de la circulation (*voir* fig. 3.24a,b comparées à la fig. 3.24c) et de l'intensité (*voir* fig. 3.24e,f comparées à la fig. 3.24d) on constate qu'au-dessus de Manic, pendant la période plus humide, l'activité cyclonique est plus grande et plus forte.

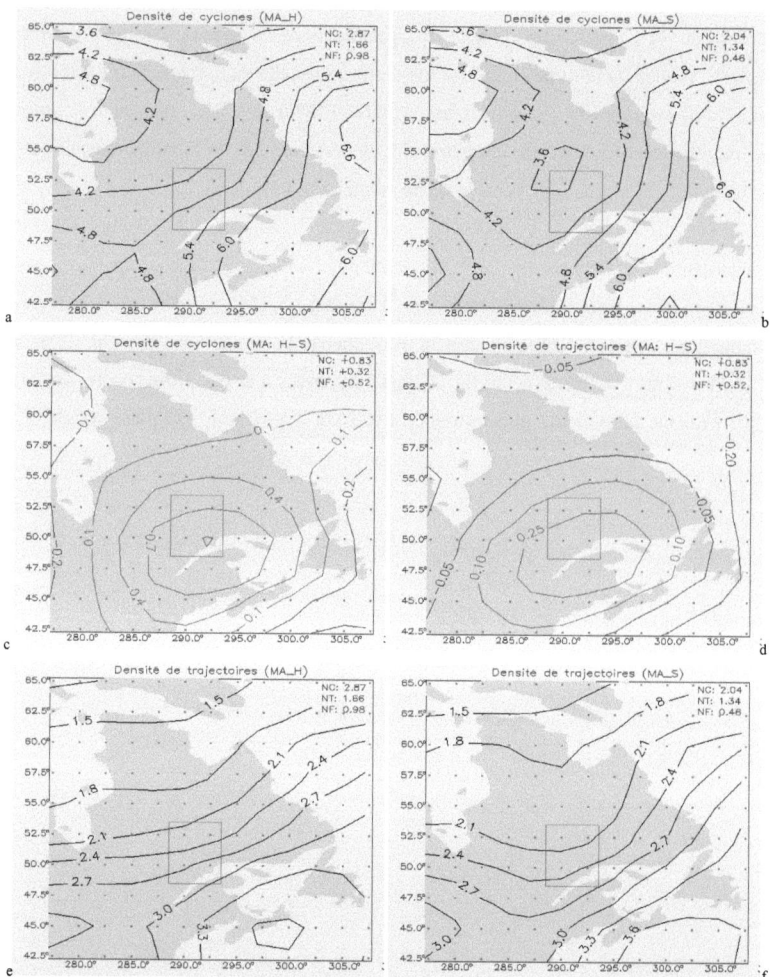

Figure 3.22 La densité de cyclones et de trajectoires de MA pour : (a, e) la période humide et (b, f) pour la période sèche. La différence entre les deux périodes pour : (c) la densité de cyclones et (d) la densité de trajectoires.

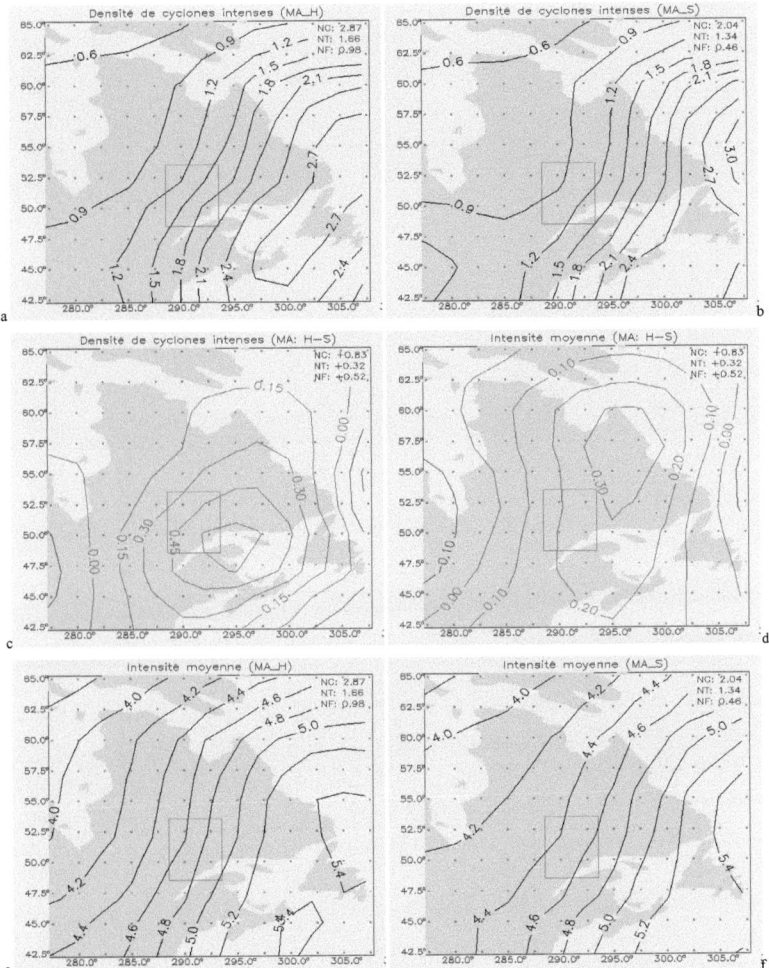

Figure 3.23 La densité de cyclones intenses de MA pour : (a) la période humide, (b) la période sèche et (c) la différence entre les deux périodes. L'intensité moyenne de MA pour : (e) la période humide, (f) la période sèche et (d) la différence entre les deux périodes.

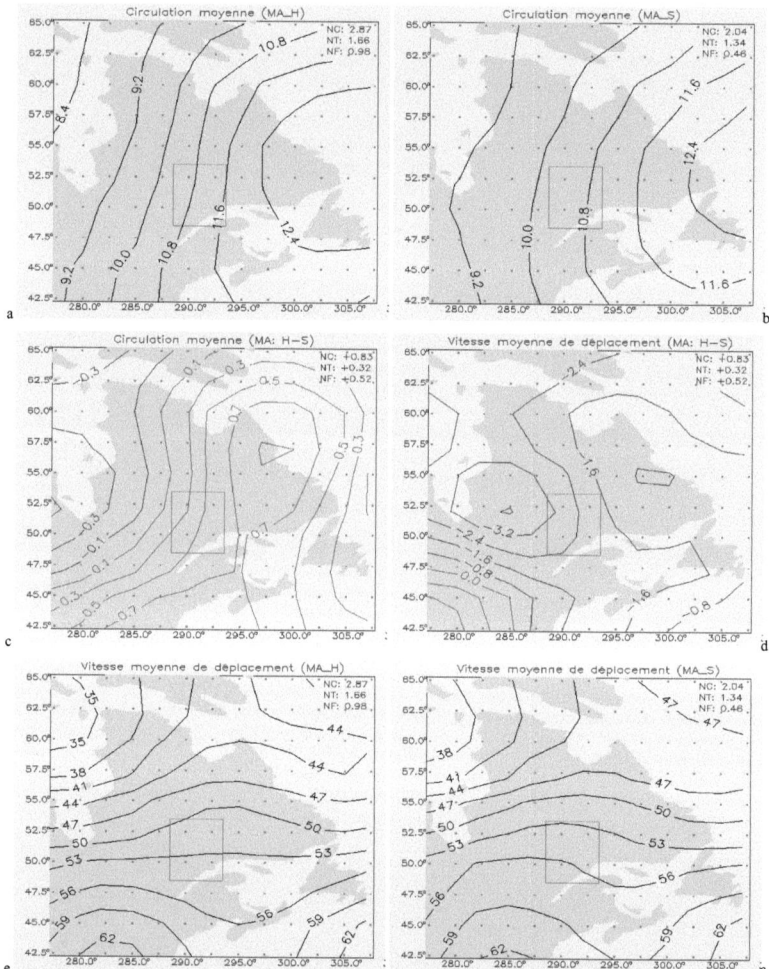

Figure 3.24 : La circulation moyenne de MA pour : (a) la période humide, (b) la période sèche et (c) la différence entre les deux périodes. La vitesse moyenne de déplacement de MA pour : (e) la période humide, (f) la période sèche et (d) la différence entre les deux périodes.

Contrairement aux autres bassins, les différences des densités entre les deux périodes sont plus consistantes pour Manic ; aussi, l'intensité (des cyclones intenses et de la moyenne de l'intensité) joue un rôle plus important. Un autre aspect qui diffère des autres bassins est que tous les sept mois apportent leurs contributions à la différence humide versus sèche au-dessus de Manic (*voir* fig. 3.25). Contrairement à nos attentes, tout comme pour CH, le mois d'avril se distingue par un nombre plus grand de cyclones pendant la période sèche.

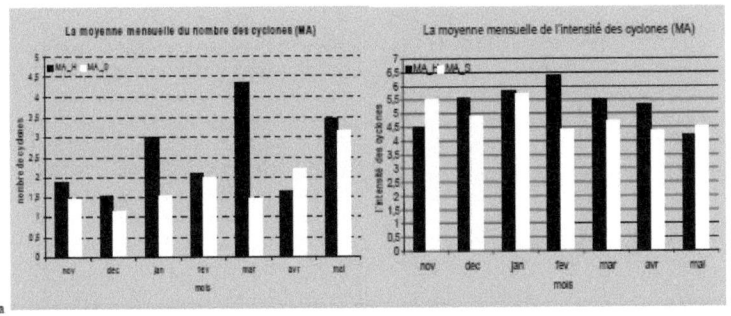

Figure 3.25 : (a) La distribution mensuelle des centres cycloniques et (b) l'intensité moyenne mensuelle dans le rectangle (ma). En noir – la période humide (MA_H) - et en blanc – la période sèche (MA_S).

La figure 3.26 montre, comme pour les autres bassins, qu'il y a une augmentation du nombre de cyclones pendant la période humide pour la région MA presque dans toutes les directions. En particulier, pendant la période humide par rapport à la période sèche, il y a une augmentation de plus de 50% du nombre de cyclones qui proviennent de la direction E et une augmentation de plus 38% des cyclones en provenance de la direction NE. Nous observons donc les mêmes changements significatifs que pour les autres régions pour les cyclones qui proviennent du sud- ouest.

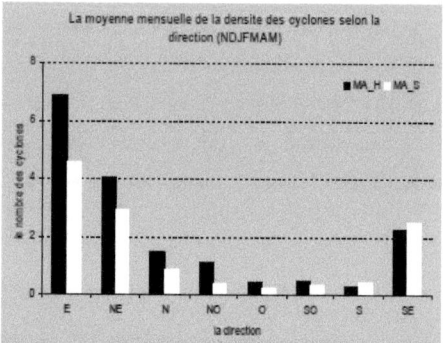

Figure 3.26 : La différence (période humide moins période sèche) de la densité de cyclones en fonction de la direction pour le bassin Manic, normalisée par le nombre de mois. Le calcul a été fait pour tous les points de grille inclus dans le rectangle (quatre points de grille).

3.2. Discussion des résultats

Aux sections précédentes nous avons décrit les caractéristiques des cyclones pour la période de sept mois et pour les plus importants mois relativement au nombre de cyclones. Le but de ce sous-chapitre est de trouver un lien entre l'activité cyclonique observée pendant ces mois respectifs et l'apport d'eau.

3.2.1. Le bassin versant de La Grande (LG)

En ce qui concerne LG, pendant le cycle de sept mois, il y a eu une faible augmentation (jusqu'à 20%) du nombre de cyclones, de trajectoires et de cyclones intenses pendant la période humide (*voir* fig. 3.1c,d et 3.2c). Presque partout au-dessus du Québec il y a eu une variation positive en faveur de la période de forte hydraulicité pour LG avec des maxima au-dessus des montagnes du Labrador (Monts Torngat). Pour la densité de cyclones, on remarque des maxima au-dessus des Monts Otish et Groulx. L'augmentation du nombre de cyclones est plus évidente dans la partie sud-est de LG (*voir* fig. 3.1c), au sud du bassin de La Grande 4 ; en d'autres mots, les valeurs du creux au-dessus de LG pendant les années humides sont plus grandes que les valeurs du creux pendant les années sèches. En tenant compte de localisation de ce maximum, du fait que le déplacement des cyclones se fait en général dans la direction nord-est (dans cette région) et que les précipitations sont associées à l'intersection entre les deux masses d'air d'un cyclone (à gauche du déplacement), on peut dire qu'une grande partie de LG subit plus de précipitations pendant la période humide que pendant la période sèche.

Pendant la période humide, l'augmentation de la circulation (*voir* fig. 3.3c), dans la partie est de LG, est plus prononcée que l'augmentation de l'intensité (*voir* fig. 3.2d). Donc, pendant la période humide, des systèmes cycloniques plus intenses sont passés. En termes de vitesse de déplacement, dans la partie sud-est de LG les cyclones se sont déplacés avec une vitesse inférieure pendant les années plus humides.

Un mois de novembre comportant un plus grand nombre de cyclones (*voir* fig. 3.4a), corrélé aux basses températures enregistrées au-dessus de la région LG, apportera un plus grand débit d'eau pendant les mois de printemps. En reliant le fait que les tempêtes d'hiver sont moins riches en eau précipitable aux petites variations entre les périodes humides et les périodes sèches pendant les mois d'hiver (*voir* fig.3.4a), nous pouvons dire que la contribution des mois d'hiver à la fluctuation d'apport en eau est presque insignifiante. Pour conclure, les mois de printemps (mars et mai) et novembre apportent une contribution majeure dans le bilan de l'hydraulicité.

Les remarques rattachées à la figure 3.4a sont aussi valides pour les figures 3.5-10. Ainsi, on constate que les différences entre les deux périodes humide/sèche sont beaucoup plus prononcées (plus de 42%) si dans les calculs on ne garde que les trois mois (novembre, mars et mai). Pendant les trois mois des années plus humides, plus de la moitié du nombre total de cyclones, de trajectoires et de cyclones intenses ont traversé LG. Si on regarde la densité de cyclones (*voir* fig. 3.5c), nous observons que les différences maximales sont situées dans le centre sud de LG. Les figures 3.5d et 3.6c nous indiquent la même chose. Au sud-est nous observons que les cyclones se déplacent plus lentement pendant les trois mois des années humides.

Concernant la direction des cyclones pour le cycle de trois mois des deux périodes, le changement le plus significatif dans le nombre de cyclones est observé dans la direction SE (une augmentation de plus de 60%, pendant la période humide par rapport à la période moins humide, *voir* fig. 3.7).

3.2.2 Les bassins versants Outaouais et St-Maurice (OM)

Pendant le cycle de sept mois, au-dessus de OM, on observe une augmentation dans les mêmes limites que pour LG (jusqu'à 20%) du nombre de cyclones et de trajectoires et une différence moins évidente pour les cyclones intenses (28%) pendant la période humide (*voir* fig. 3.5a-c) ; les maxima de densités sont au-dessus ou au voisinage des montagnes Appalaches. Donc, l'augmentation du nombre des cyclones est plus évidente dans la partie sud-est de OM (*voir* fig. 3.5a). Comme on l'a déjà dit pour LG, en tenant compte de la position de ce maximum et qu'en général les cyclones se déplacent vers le nord-est, nous pouvons dire que, pendant la période humide dans la région de OM, il y a plus de précipitations que pendant la période sèche. Les différences de densités sont plus importantes pour OM que pour LG.

L'augmentation de la circulation pendant les années humides (*voir* fig. 3.5e) est évidente dans la partie est de OM mais aussi, pour la même période, l'intensité des cyclones a augmenté (*voir* fig. 3.5d), c'est-à-dire que les systèmes cycloniques sont plus intenses ou plus étendus. En termes de vitesse de déplacement, comme pour LG, dans la partie est de OM, les cyclones se sont déplacés avec une vitesse plus faible pendant les années plus humides que pendant les années sèches.

Le mois du novembre n'est pas très différent pour les deux périodes par rapport au nombre de cyclones (*voir* fig. 3.11a), contrairement à ce qui a été observé pour le bassin LG (la neige qui tombe au-dessus de LG reste sous forme solide plus longtemps par rapport à celle qui tombe au-dessus de OM, où les températures sont plus élevées qu'au-dessus de LG). Comme pour LG, il y a de petites différences pour les mois d'hiver. Si les trois mois sont comparés aux sept mois, nous constatons que les différences plus prononcées entre les deux périodes d'hydraulicité sont expliquées soit par une augmentation de la densité de cyclones pour la période humide (*voir* fig. 3.8a et 3.12a), soit par une diminution plus grande de la densité de trajectoires (*voir* fig. 3.8f et 3.12f). Donc, les mois de printemps (mars, avril et mai) apportent une contribution majeure dans l'apport d'eau au-dessus de OM.

Concernant la direction des cyclones pour le cycle de trois mois (*voir* fig. 3.14a), une forte augmentation du nombre de cyclones de direction NE est constatée pendant la période humide par rapport à la période sèche.

3.2.3 Le bassin versant Churchill

Pendant le cycle de sept mois, il y a de faibles augmentations (jusqu'à 8%), du nombre de cyclones et de trajectoires et une différence un peu plus évidente pour cyclones intenses (16%) pendant la période humide. Comme pour les deux autres régions étudiées avant, les différences maximales de densités se trouvent au sud de la région qui nous intéresse (*voir* fig. 3.15c,d et 3.16c). Donc, en tenant compte de la position de ces différences maximales entre les périodes plus et moins humides et des déplacements vers le nord-est des cyclones, une grande partie de CH a reçu plus de précipitations pendant la période humide que pendant la période sèche.

Comme pour OM, l'augmentation de la circulation (*voir* fig. 3.17c) se situe dans la partie nord de CH mais l'augmentation de l'intensité de cyclones (*voir* fig. 3.16d) suggère que les systèmes cycloniques sont plus intenses ou plus étendus. En termes de vitesse de déplacement, pendant les années plus humides, les cyclones se déplacent avec une vitesse inférieure à celle des années sèches.

Au sujet de la distribution mensuelle du nombre de cyclones au-dessus du bassin CH, il y a des similarités avec le bassin LG. Ainsi, au cours des mois de novembre, mars et mai, un plus grand nombre de cyclones est passé pendant la période humide (*voir* fig. 3.18a). Un fait étrange, pour le mois d'avril, la moyenne mensuelle du nombre de cyclones pour la période humide est de beaucoup inférieure à celle de la période sèche (il y a une diminution du nombre des cyclones pendant la période humide par rapport à la période sèche de presque 100%). On observe la même configuration mensuelle concernant l'intensité des cyclones (*voir* fig. 3.4b et 3.18b). Au niveau des densités, l'activité cyclonique pendant les trois mois de la période sèche est pauvre par rapport à celle du cycle de sept mois de la même période (*voir* 3.20b,f corrélés aux 3.15b,f).

Des changements significatifs de la provenance des cyclones pendant le cycle de trois mois de la période humide sont les directions sud et SE (plus de 35%, *voir* fig. 3.21a).

3.2.4 Le bassin versant de Manic

L'ensemble des résultats montre que le bassin versant Manic est un peu différent des autres. Les différences entre les deux périodes (pour l'ensemble des sept mois) sont plus claires et le facteur d'intensité joue un rôle plus actif. Ainsi, pendant la période humide, il y a plus de cyclones (40%), plus de trajectoires (23%) et plus de cyclones intenses (dans une proportion de deux fois plus). Une similarité avec les autres bassins est la position des différences maximales de densités; ils sont situés au centre sud de Manic (*voir* 3.22c,d et 3.23c). Donc, dans la partie ouest-nord-ouest de MA, pendant la période humide, on a eu plus de précipitations que pendant la période sèche.

Comme pour les autres bassins, les systèmes sont plus intenses ou plus étendus. En regardant la vitesse de déplacement, les cyclones sont plus lents pendant les années humides que pendant les années sèches.

Concernant la direction pour le cycle de sept mois (*voir* fig. 3.26a), il y a un plus de cyclones (+38%) qui proviennent des directions E et NE pendant les années de forte hydraulicité par rapport aux années de faible hydraulicité.

3.3. Conclusions

Une première conclusion qui se dégage pour les trois premières régions (LG, OM, CH) est que la différence entre les années plus et moins humides est produite par un mois d'automne et deux mois de printemps (mars et mai) pour LG et CH et par les trois mois printaniers pour OM. Pour MA, presque tous les mois ont eu une contribution significative à la différence humide/sèche. Les facteurs qui contribuent de façon significative pour les trois premières régions sont le nombre de cyclones, de trajectoires et de cyclones intenses. Pour Manic, nous observons que l'intensité peut jouer un rôle important.

Malgré les différences d'humidité des deux séries temporelles, en regardant les figures de toutes les régions discutées, nous remarquons qu'il n'y a pas de différence remarquable concernant une statistique en particulier. Nous voyons plutôt une combinaison de facteurs qui mis ensemble contribue au changement observé dans les débits des bassins. Aussi, il y a des différences lorsqu'on réfère aux sept mois ou aux trois mois printaniers (pour OM) et le mois d'automne et les deux mois de printemps (mars et mai) pour LG. Ainsi, les différences des débits d'apport d'eau dans les bassins sont attribuables dans une grande mesure aux trois mois les plus importants concernant le nombre de cyclones.

En résumé, pour les quatre régions étudiées, nous avons constaté que, pendant les années plus humides, il y a une augmentation du nombre de trajectoires et de cyclones et particulièrement, une augmentation du nombre de cyclones d'intensité de tourbillon à 1000 hPa plus grande que 6×10^{-5}/s. Aussi, la moyenne de la circulation de la période humide est presque supérieure que celle de la période moins humide pour les régions discutées. En regardant les statistiques concernant la vitesse de déplacement des cyclones, nous pouvons dire que les cyclones sont plus lents pendant la période humide.

Une autre facteur constaté est que, pendant la période humide, il y a une augmentation du nombre de cyclones qui proviennent des zones sud et SE, soit de l'Océan Atlantique, soit des Grands Lacs, ou soit de la Baie James.

Pour les travaux à venir, pour mieux comprendre les changements observés dans les débit d'apport d'eau dans les bassins versants du Québec, nous proposons l'introduction d'un facteur qui pourrait nous donner des informations plus exactes concernant l'humidité d'un cyclone (l'eau précipitable). Dans le futur il sera également nécessaire de trouver une explication concernant la moyenne mensuelle plus élevée du nombre de cyclones pendant le mois d'avril des années moins humides que celle des mois d'avril des années humides observé dans les bassins Churchill et Manic.

CHAPITRE IV

CONCLUSION

Il y a plusieurs paramètres pour identifier les cyclones; nous avons opté pour le maximum de tourbillon du vent de gradient près de la surface, au lieu du minimum de pression, parce qu'il permet une meilleure détection des cyclones dans leur phase initiale. Pour organiser les cyclones en trajectoires, nous avons choisi la méthode de Sinclair (1994) parce qu'elle est plus complète que les autres méthodes étudiées.

Pour tracer les trajectoires avec l'algorithme de Sinclair, il faut trouver, pour chaque trajectoire et à chaque pas de temps, un point estimé pour le prochain point de la trajectoire du cyclone. La position du point estimé est basée sur une extrapolation des points déjà situés sur la trajectoire et la règle empirique de déplacement des cyclones (en prenant la moitié du vent à 500 hPa). Ensuite, les caractéristiques du point estimé sont comparées aux caractéristiques des centres cycloniques situés dans un certain rayon. Celui pour lequel ces caractéristiques s'approchent plus des caractéristiques du point estimé sera choisi comme le point suivant de la trajectoire. Donc, la trace d'une trajectoire implique une concordance entre les positions antérieures sur sa trajectoire et la prédiction de la position et des valeurs de pression et de tourbillon d'un point futur (le point estimé). Lorsqu'il n'y a pas d'historique (de premier point de la trajectoire), le début d'une nouvelle trajectoire sera considéré là où il y a un tourbillon maximal et le point estimé est donne seulement en supposant que le cyclone se déplace avec la moitié de la vitesse du vent à 500 hPa. Pour le premier pas de temps, chaque tourbillon qui est maximal par rapport aux voisins et plus grand que la valeur critique est considéré comme un nouveau cyclone (centre cyclonique) potentiel. Une trajectoire finira (le cyclone disparaît) lorsque, dans le rayon de recherche, il n'y a plus de cyclones candidats. Pour éliminer les systèmes trop faibles, nous avons introduit un seuil, une valeur critique, fonction de l'orographie.

La comparaison du mouvement cyclonique observé empiriquement aux trajectoires obtenues à l'aide de l'algorithme de Sinclair légèrement modifié nous a montré que l'algorithme permet de bien suivre les cyclones.

Pour les bassins versants du Québec, nous avons étudié les différences entre les cyclones des hivers de forte et faible hydraulicité. On a découvert qu'une combinaison de facteurs qui mis ensemble contribue au changement observé dans l'apport d'eau des bassins. Aussi, il y a des changements plus significatifs du comportement cyclonique pendant les trois mois (pour La Grande, Outaouais et St- Maurice et Churchill) avec un nombre plus grand de cyclones que pendant le cycle total de sept mois. Ainsi, pendant ces trois mois, les différences des caractéristiques mensuelles des cyclones entre les deux séries temporelles (humide/sèche) sont beaucoup plus prononcées : le nombre moyen mensuel de cyclones, trajectoires, etc. pendant les trois mois est plus grand que pendant les sept mois. Pratiquement, dans une grande mesure, les différences d'apport d'eau dans les bassins sont produites par ces trois mois. L'autre bassin (Manic) est un peu différent; presque tous les mois ont eu une contribution significative à la différence humide/sèche. Donc, pour les premières trois régions, les années de fort apport d'eau sont caractérisées par un nombre plus important de cyclones, de trajectoires de cyclones et de cyclones intenses. Pour le bassin Manic, les cyclones sont en moyen plus intenses.

En résumé, les années plus humides se caractérisent par une augmentation du nombre de trajectoires et de cyclones et en particulier par une augmentation du nombre de cyclones plus forts que $6 \times 10^{-5}/s$ en intensité de tourbillon. Aussi, la moyenne de la circulation pour la période humide est presque toujours supérieure à celle de la période moins humide pour toutes les régions discutées. Aussi, pendant la période humide, le déplacement des cyclones est plus lent que le déplacement des cyclones pendant la période sèche. Un fait inattendu a été le nombre plus élevé des cyclones pendant le mois d'avril de la période sèche par rapport au même mois de la période humide et ce, pour les bassins La Grande et Churchill.

Un autre facteur constaté est la direction du déplacement des cyclones. Ainsi, on a vu que, pendant la période humide, il y a une augmentation du nombre de cyclones qui proviennent des zones du sud et du SE, c'est-à-dire les cyclones qui proviennent soit de Golfe St-Laurent soit des Grands Lacs ou soit de la Baie James.

Pour terminer, nous avons quelques recommandations à faire : d'abord il faut améliorer le calcul de la direction de déplacement en utilisant plusieurs points antérieurs au lieu de dernier point[1]. Pour avoir une meilleure compréhension des changements observés dans l'apport d'eau dans les bassins versants, nous proposons l'introduction d'un facteur qui pourra nous donner des informations concernant l'humidité d'un cyclone : l'eau précipitable. Aussi, dans le futur, il faudra chercher une explication concernant la moyenne mensuelle plus grande des cyclones pendant le mois d'avril des années moins humides par rapport au mois d'avril des années humides observé dans les bassins Churchill et Manic (qui est contraire à nos attentes).

---

[1] Nous avons fait déjà cette amélioration (Rosu et Zwack, 2005).

ANNEXE A

LE VENT GÉOSTROPHIQUE VS LE VENT DE GRADIENT

Pour une analyse à l'échelle synoptique, Holton (1992) et Lupo (1992) ont calculé, avec une erreur de ± 10%, le tourbillon géostrophique près de la surface :

$$\zeta_g \approx \frac{1}{f}\nabla_p^2 \Phi = \frac{1}{f}\frac{\partial^2 \phi}{\partial y^2} + \frac{1}{f}\frac{\partial^2 \phi}{\partial x^2} \qquad (A.1)$$

avec le géopotentiel $\Phi = gZ$, où Z est la hauteur du géopotentiel et f le paramètre de Coriolis.

Le vent de gradient est un vent théorique résultant de l'équilibre entre la force due au gradient horizontal de pression, la force de Coriolis et la force centrifuge due à la courbure de la trajectoire de l'air. Hodges (1992) a déduit la vitesse du vent de gradient par la résolution algébrique de l'équation d'équilibre (A.2) :

$$v_{gr}^2 + f r v_{gr} - f r v_g = 0 \qquad (A.2)$$

où v_{gr} est la vitesse du vent de gradient, v_g est la vitesse du vent de géopotentiel (vent géostrophique) avec $v_g = -(\partial \varphi / \partial n) \cdot g / f$, et r est le rayon du courbure de la trajectoire du système ($r = 1/k$, où k la limite de courbure, avec $k>0$ pour bas pression).

En divisant l'équation (A.2) par rfv_g nous obtenons le rapport entre le vent géostrophique et le vent de gradient :

$$\frac{v_g}{v_{gr}} = 1 + \frac{v_{gr}}{fr} = 1 + RO \qquad (A.3)$$

où RO est le nombre de Rossby.

Pour un écoulement cyclonique ($fr > 0$), v_g est plus grand que v_{gr} et pour un écoulement anticyclonique ($fr < 0$), v_g est plus petit que v_{gr}, c'est-à-dire que le vent géostrophique est une surestimation du vent de gradient dans une région de courbure cyclonique et une sous-estimation de celui-ci dans une zone de courbure anticyclonique. Aux latitudes moyennes, la différence entre les vitesses des deux vents est habituellement plus petite que 10-20%.

Contrairement à Hodges, Sinclair (1997) propose une solution technique à l'équation (A.2) qui se trouve dans son algorithme:

$$v_n = \frac{v_g}{1 + \frac{kv_{n-1}}{f}} = \frac{v_g}{1 + RO}, \; n = \overline{1,5}$$

$$v_0 = \frac{\sqrt{\left(\frac{\partial \phi}{\partial x}\right)^2 + \left(\frac{\partial \phi}{\partial y}\right)^2}}{f} \qquad (A.4)$$

où k étant la courbure calculée selon Trenberth (1997) et le nombre de Rossby (RO) est contraint entre -0.25 et 0.5, d'où on va déduire une valeur pour v_{gr} entre $2v_g/3$ et $4v_g/3$. Donc, pour les systèmes cycloniques, la valeur de la vitesse du vent de gradient sera environ deux tiers de la valeur de la vitesse du vent géostrophique.

L'équation du tourbillon géostrophique près de la surface utilisée par Sinclair sera :

$$\zeta = \frac{\partial v_{grad}}{\partial x} - \frac{\partial u_{grad}}{\partial y} \qquad (A.5)$$

où u_{grad} et v_{grad} sont les deux composantes du vent de gradient v_{gr}.

La figure A.1 montre que les valeurs obtenues par l'équation (A.5) (en bleu) sont plus petites que les valeurs obtenues par l'équation (A.3) (en rouge).

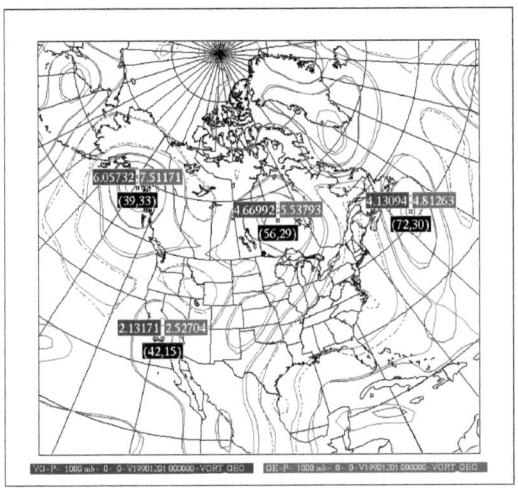

Figure A.1 : Le champ de tourbillon géostrophique près de la surface calculé d'après les solutions algébriques de l'équation (A.3) (en rouge, intervalle $2*10^{-5}$/s) et calculé d'après l'équation (A.5) (en bleu, intervalle $2*10^{-5}$/s). Les lignes noires représentent les mailles de la grille.

Les figures A.2 a) et b) nous montrent que les contours du tourbillon calculé selon les deux équations sont semblables; ainsi que la position des valeurs extrêmes.

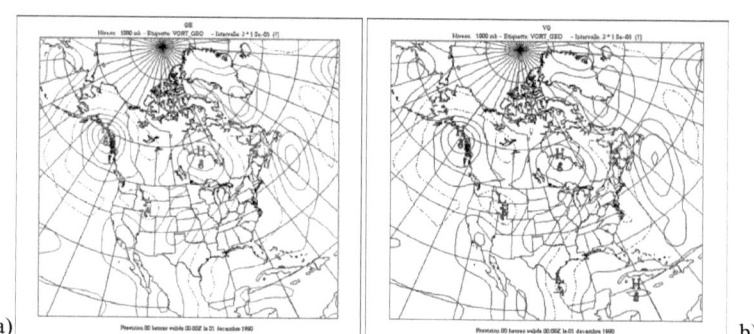

Figure A.2 : Le champ du tourbillon géostrophique près de la surface a) calculé d'après l'équation (A.3) - GE (en rouge, intervalle $2*10^{-5}$/s) et b) calculé d'après l'équation (A.5) - VG (en bleu, intervalle $2*10^{-5}$/s).

ANNEXE B

LE FILTRE DE CRESSMAN

Un des problèmes majeurs des applications dédiées à trouver les valeurs d'un champ est le problème de la détection et l'élimination des erreurs qui pourraient apparaître dans les données suite aux calculs. L'interpolation des valeurs de la hauteur du géopotentiel (notons que le calcul du tourbillon gradient à 1000 hPa est fait à partir de ce champ) et de l'orographie, qui sont fournit par les ré-analyses NCEP, conduit à des erreurs sur les données. Pour éliminer cet inconvénient, il faut filtrer les valeurs du champ interpolé avant de lancer toute forme de calcul utilisant ces champs dans la recherche des systèmes cycloniques. Aussi, après avoir effectué tous les calculs de mesures statistiques, il faut filtrer encore une fois pour éliminer le bruit produit par ces calculs.

Parce que l'espacement entre les points de grille pour le domaine polaire stéréographique diminue vers l'équateur (environ 200 km au Pôle Nord et 100 km à la latitude de 20°), il peut apparaître de petites déviations favorisant la détection de faux cyclones aux latitudes inférieures. Pour éviter cela, il s'impose d'appliquer un filtre qui tient compte de la position géographique à n'importe quel point de grille.

Cressman (1959) a présenté un filtre dont le but était la correction de la valeur initiale du point de la grille (obtenue à partir d'un modèle de prévision) par une combinaison linéaire des résiduels (corrections) entre les valeurs prévues et observées. Les résiduels dépendent seulement de la distance entre le point de grille et l'observation. L'arrangement commence par une ébauche (first guess) d'une prévision numérique. L'ébauche à chaque point de grille est successivement ajustée sur la base des observations voisines dans une série de balayages (habituellement quatre à six) par les données. Le choix des observations qui influenceront l'ajustement de la valeur du point de grille est fait à partir d'un rayon d'influence qu'on appel le rayon de lissage. Toutes les discussions de ce mémoire se rapportent à ce rayon (nous avons choisi un rayon de r_0 = 800 km; pour plus détail concernant le choix du rayon d'influence voir Sinclair, 1997).

En effet, pour filtrer un champ, la valeur initiale à un point de grille est considérée comme une ébauche et les valeurs des autres points de grille sont considérées comme des observations. Pour chaque point de grille se trouvent certains points au voisinage de celui-ci (les points des observations), qui pourront influencer la valeur finale au point de grille. Pour chacun de ces points d'observations, il faut calculer la distance entre celui et le point de grille choisi comme ébauche. Si cette distance est plus petite que le rayon d'influence, alors sa valeur va être utilisée pour corriger la valeur d'ébauche. Pratiquement, les points qui corrigent la valeur d'un point de grille sont tous les points situés dans un cercle d'un certain rayon centré au point de grille (*voir* fig. B.1).

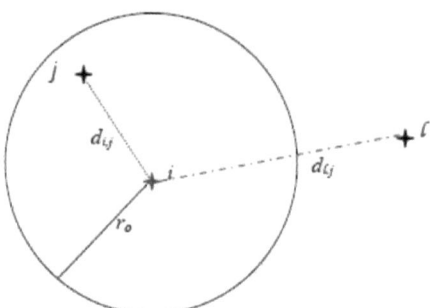

Figure B.1 : Le point de grille ébauche est représenté par le point rouge *(i)* et les observations sont représentées par les points de grille noirs (*j* et *l*). $d_{i,j}$ et $d_{i,l}$ représentes les distances entre les points *i* et *j* et entre les points *i* et *l* respectivement. Comme $d_{i,l} \geq r_0$, la valeur du point *l* n'influence pas la valeur au point de grille *i*.

Mathématiquement, la façon de définir le filtre de Cressman par l'algorithme de Sinclair est prescrite par les équations (B.1-B.3). En supposant que le point de grille ébauche est *i* et que *j* représente le *j*-ième point d'observation alors :

$$cor_{nouvelle} = cor_{précédente} + w_i(j) \cdot \alpha_i(j) \qquad (B.1)$$

où *cor* représente la correction ajoutée à la valeur d'ébauche lorsqu'il y a déjà j corrections. $a_i(j)$ est la valeur au point d'observation j, le point j est situé dans le cercle centré au point i et $w_i(j)$ est une fonction poids qui dépend de la distance entre le point d'observation (j) et le point de grille (i):

$$w_i(j) = \max\left(0, \frac{r_0^2 - d_{ij}^2}{r_0^2 + d_{ij}^2}\right) \qquad (B.2)$$

Après toutes les corrections (k) apportées au point de grille j, l'équation (B.1) prendra la forme de

$$\alpha_j = \sum_{i=1}^{k} w_i(j) \cdot \alpha_i(j) \qquad (B.3)$$

Après normalisation, la valeur finale de a_j, au point « ébauche », sera :

$$\alpha_j = \frac{\sum_{i=1}^{k} w_i(j) \cdot \alpha_i(j)}{\sum_{i=1}^{k} w_i(j)} \qquad (B.4)$$

Il y a plusieurs façons pour décrire le filtre de Cressman; une de ces façons est de redéfinir la fonction poids (Daley, 1991) :

$$w(i,j) = \exp(-d_{ij}^2 / 2r_o) \qquad (B.5)$$

Cette forme du filtre se rapproche du filtre de Barnes (1994), où le poids pour la première passe est décrit par $w(d_{ik}, r_o) = \exp(-d_{ik}^2 / r_o)$ une gaussienne (Askelson et al. 2000) avec ro comme rayon du filtre.

$$f(i) = \frac{\sum_k w(d_{ik}, r_o) \cdot f(k)}{\sum_k w(d_{ik}, r_o)} \qquad (B.5')$$

où $f(i)$ est la valeur pour le point de grille où s'applique le filtre, $f(k)$ représente la valeur du point d'observation k et d_{ik} est la distance entre les deux points.

La figure B.2 montre la réponse de la fonction poids du filtre de Cressman, en fonction du rayon d'influence r_o. Pour toutes les distances d_{ij} plus petites que 50% du rayon r_o, la réponse est plus grande que 60%.

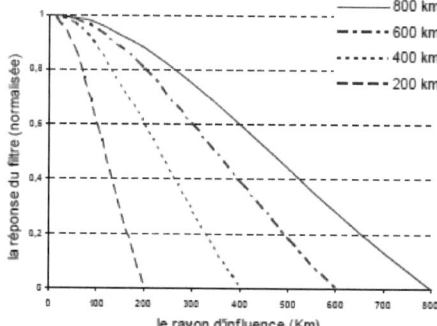

Figure B.2 : Réponse de la fonction poids wi(j) du filtre de Cressman par rapport au rayon de lisage, r_o.

Pauley et Wu (1990) ont montré que pour les filtres poids, la réponse en fonction de la longueur d'onde est égale à la transformée Fourier du poids. Donc, à partir de la réponse du filtre de Barnes, nous ajusterons la réponse du filtre de Cressman. Pour cela, l'ouvrage de Askelson (2000), qui a fait une brève description de la réponse du filtre Barnes selon Pauley et Wu (1990), nous sera utile.

La fonction réponse pour le filtre de Barnes, définit comme le rapport entre les amplitudes des ondes des analyses finales et initiales, pour un domaine infini, continu et 1D, est fonction de la longueur d'onde, λ, et s'écrit :

$$R(\lambda, r_o) = \exp\left[-r_o \left(\frac{\pi}{\lambda}\right)^2\right] \tag{B.6}$$

En sachant que la transformée de Fourier pour une gaussienne e^{-ax^2} est de la forme $\sqrt{\pi/a} \cdot e^{-\pi^2 k^2/a}$ où $a=2r_o$ dans la formulation de la fonction poids selon Daley (B.5'), nous trouvons la réponse suivante pour le filtre de Cressman :

$$R(\lambda, r_o) = \exp\left[-2r_o^2 \left(\frac{\pi}{\lambda}\right)^2\right] \tag{B.7}$$

La réponse obtenue pour le filtre de Barnes par Askelson (2000) pour le cas 2D (l'équation (B6)) est :

$$R(k_x, k_y, r_x, r_y) = \exp\left[-\frac{k_x^2 \cdot r_x + k_y^2 \cdot r_y}{4}\right] \tag{B.8}$$

avec $k_x = 2\pi/\lambda_x$, $k_y = 2\pi/\lambda_y$, les nombres d'onde correspondants pour les directions x, y et r_x, r_y sont les paramètres du filtre dans les deux directions rectangulaires.

Si le paramètre de filtrage est le même dans les deux directions, une première formulation de la réponse du filtre de Cressman sera réécrite sous la forme :

$$R(k_x, k_y, r_o) = \exp\left[-\frac{k_x^2 + k_y^2}{2} \cdot r_o^2\right] \tag{B.9}$$

Pour $\lambda_x = \lambda_y = \lambda$ on a alors :

$$R(\lambda, r_o) = \exp\left[-4r_o^2 \cdot \left(\frac{\pi}{\lambda}\right)^2\right]$$

(B.10)

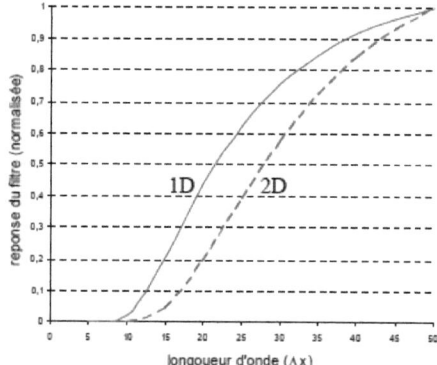

Figure B.3 : Réponse du filtre de Cressman dans le domaine des longueurs d'onde, $\lambda = n\Delta x$ Le calcul a été fait pour $\lambda_x = \lambda_y$ avec $\Delta x = 180$ km, la distance entre deux points voisins à la latitude 60°. La ligne continue représente la réponse du filtre en 1D et la ligne tirette, la réponse en 2D.

La figure B.3 montre les réponses théoriques du filtre de Cressman en 1D et 2D (le cas réel). Le filtre possède une longueur d'onde de coupure de $10\Delta x$ ($\Delta x = 180$ km) et restitue plus de 80% de l'onde originale pour les longueurs d'onde supérieures à $38\Delta x$.

La figure B.4 montre les réponses du filtre en fonction du rayon de lissage. Évidemment, si le rayon diminue, alors la réponse sera mois efficace. Avec $r_o = 400$ km, elle restitue plus de 80% de l'onde originale pour les longueurs d'onde supérieures à $26\Delta x$ et pour $r_o = 600$ km correspond une valeur supérieure à $33\Delta x$.

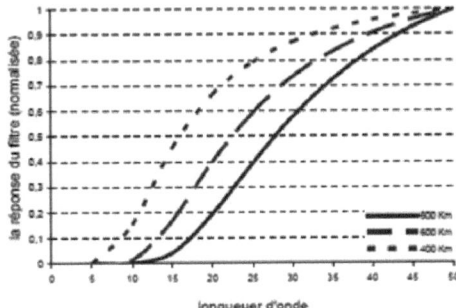

Figure B.4 : Réponse du filtre de Cressman en fonction du rayon de lissage, r_o dans le domaine des longueurs d'onde, $\lambda=n\Delta x$ ($\Delta x=180$ km à la latitude 60°). Cas 2D.

Dans l'algorithme de Sinclair, le filtre de Cressman est appliqué deux fois : une première fois pour ajuster les valeurs initiales d'orographie et une seconde fois pour ajuster les valeurs de géopotentiel nécessaires au calcul du tourbillon géostrophique près de la surface. Dans cette étude, le lissage se fait de la même manière pour avoir une meilleure comparaison entre nos résultats et ceux de Sinclair mais à l'avenir il faudra appliquer le filtre après le calcul du tourbillon.

ANNEXE C

ENSO ET L'ACTIVITÉ CYCLONIQUE AU-DESSUS DU QUÉBEC

L'intensité du phénomène ENSO et ses effets planétaires nous ont permis de déterminer les caractéristiques de la réponse type des cyclones à la suite de l'apparition d'un évènement El Niño. Dans cette étude, nous ne proposons pas de trouver un lien entre El Niño et l'apport d'eau dans les bassins versants du Québec; cela dépasse les limites de ce projet. Nous proposons plutôt de comprendre comment se déroule l'activité cyclonique durant les trois mois du phénomène ENSO et de voir dans quelle mesure la pluviométrie déterminée par les précipitations est corrélée ou non à l'activité cyclonique. Pour cela, nous utiliserons les mêmes statistiques que pour les bassins versants, tel que vu précédemment.

La classification des années El Niño/La Niña est celle d'Environnement Canada (*voir* tab.C.1), qui est fonction de l'indice MEI; ainsi, on a 14 années neutres, 16 années El Niño et 10 années La Niña.

Tableau C.1
En rouge les années El Niño, en bleu les années La Niña et en noir les années neutres ; source Environnement Canada (dernière consultation 11/2004)

1960	1961	1962	1963	1964	1965	1966	1967	1968	1969	
1970	1971	1972	1973	1974	1975	1976	1977	1978	1979	El Niño/ La Niña
1980	1981	1982	1983	1984	1985	1986	1987	1988	1989	
1990	1991	1992	1993	1994	1995	1996	1997	1998	1999	

Notre étude des observations des effets d'ENSO sur le Québec utilise les résultats d'Environnement Canada, plus précisément, les écarts de précipitations à la normale pendant les années El Niño et La Niña. Nous ferons la comparaison entre ces écarts et quelques statistiques des cyclones. Pour chaque phénomène, la période d'hiver (décembre, janvier et février) a été choisie parce que c'est durant cette période qu'on observe les effets d'El Niño/La Niña les plus importants. Le but de cette annexe est de trouver des corrélations entre les écarts de précipitations observés par Environnement Canada et les écarts des mesures statistiques (des densités de cyclones, de trajectoires et de cyclones de forte intensité et la moyenne de la circulation et de la vitesse du déplacement) constatés entre les années El Niño et neutres et entre les années La Niña et neutres.

Nous délimiterons le Québec par le rectangle de la région située entre 42.5 et 65 degrés de latitude et 277.5 et 307.5 degrés de longitude (*voir* fig. C.1). Comme nous l'avons fait au chapitre 2, nous comptons tous les cyclones, trajectoires et cyclones intenses pour toute la région du Québec.

Les moyennes mensuelles au-dessus du Québec (*voir* tab. C.2), pour les trois périodes du cycle ENSO, montrent qu'il passe pendant les années neutres un plus grand nombre de cyclones avec jusqu'à 8 cyclones de plus par mois comparativement aux années El Niño et avec jusqu'à 4.5 cyclones de plus par mois comparativement aux années La Niña. Les différences des moyennes mensuelles pour les trajectoires sont un peu plus faibles avec un maximum mensuel pour les années La Niña. Il y a aussi une importante augmentation des cyclones intenses pendant les années neutres (plus de 20% du nombre de cyclones intenses enregistrés pendant El Niño). Pour l'intensité des cyclones, en comparant les trois périodes, le calcul nous indique qu'il n'y a pas de changement drastique.

La figure C.1f montre que pendant les hivers El Niño, les valeurs des précipitations sont sous la moyenne au sud et nord-est du Québec ; plus particulièrement, une diminution des précipitations est enregistrée au-dessus des deux rivières au sud du Québec (OM). Les figures C.1a-c convergent dans la même direction ; elles montrent une diminution des cyclones, des trajectoires et des cyclones intenses pendant El Niño par rapport aux années neutres. Aussi, il y a une diminution de la circulation pendant El Niño pour la région de CH. En ce qui concerne la vitesse moyenne de déplacement, il y a une augmentation de la vitesse de plus de 3 km/h pendant El Niño dans le nord-est, la région avec moins de précipitation (*voir* fig. C.1e).

Tableau C.2
Les valeurs mensuelles au-dessus du Québec pour les trois périodes d'ENSO.

Québec	Cyclones	Trajectoires	Cyclones intenses
El Niño	64.18	12.93	23.25
Neutres	72.47	13.47	28.02
La Niña	68.63	14.7	24.83

Pour les mêmes mois d'hiver, pendant les années La Niña, le régime pluviométrique est modifié (voir fig. C.2f). Ainsi, les différences entre les années La Niña versus les années neutres ne sont plus aussi prononcées que pour El Niño versus neutres. Aussi, notre calcul montre (fig. C.2a-e) que les écarts des moyennes mensuelles des caractéristiques des cyclones et des cyclones intenses qui sont passés à l'intérieur des mêmes limites (42.5 et 65 degré de latitude et entre 280 et 305 degré de longitude) ne sont pas aussi prononcés que ceux de la figure C.2. Ainsi, les moyennes mensuelles des caractéristiques des cyclones pour la période La Niña sont plus près des moyennes mensuelles des années neutres qu'El Niño (*voir* tab. C.2).

De plus, la moyenne mensuelle des cyclones intenses augmente pour les années La Niña mais elle reste encore à environ -3 cyclones intenses/mois comparativement aux années neutres. Le nombre de trajectoires qui sont passées dans les limites précisées plus haut se caractérise par une augmentation de la moyenne mensuelle à +1.23/mois pour les années avec un SOI négatif par rapport aux années avec un SOI positif. La moyenne de l'intensité des cyclones reste presque la même (-0.15/-0.12).

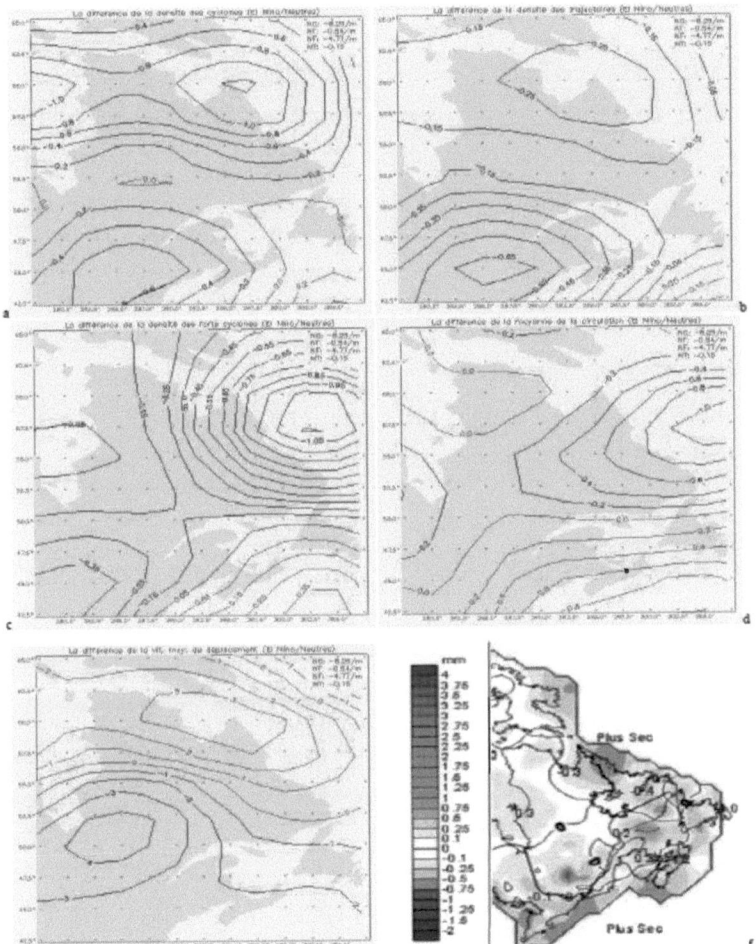

Figure C.1 : Les différences des caractéristiques des cyclones au-dessus du Québec pendant El Niño/Neutres : (a) la densité de cyclones, (b) la densité de trajectoires, (c) la densité de cyclones intenses, (d) la circulation moyenne, (e) la vitesse moyenne de déplacement et (f) l'écart-type de précipitions par rapport à la normale.

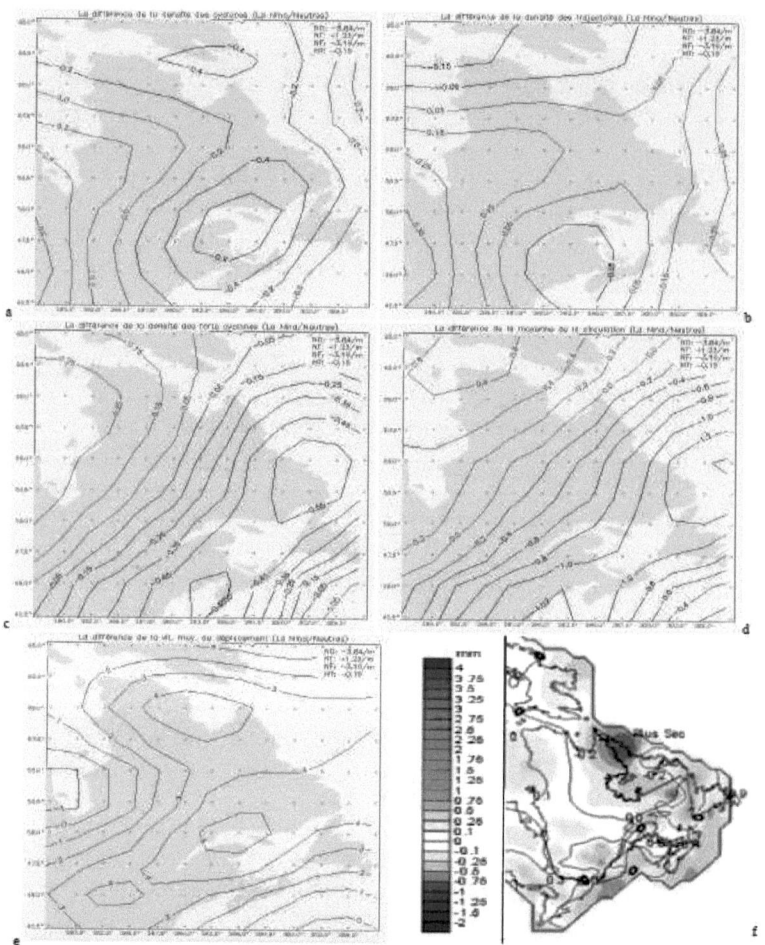

Figure C.2 : Comme la figure C.2 mais pour les différences La Niña/Neutres.

En regardant toutes ces figures, nous constatons qu'il n'a y a pas de bonne corrélation entre la pluviosité au-dessus du Québec et le phénomène ENSO. Même si nous avons trouvé des changements importants pendant les périodes El Niño/La Niña dans les caractéristiques des cyclones au-dessus du Québec, ces différences ne sont pas suffisantes pour influencer le régime pluviométrique déterminé par l'apport d'eau dans les bassins versants. Donc, avec les caractéristiques des cyclones que nous avons pris en considération, nous ne pouvons pas trouver de relation entre l'important phénomène d'oscillation du Pacifique et les fluctuations du débit d'eau dans les bassins versants du Québec. Peut-être qu'il faudra prendre en compte d'autres facteurs (comme le contenu en humidité du cyclone) qui pourront mieux caractériser les cyclones en regard au débit d'eau dans les rivières.

En conclusion, en comparant l'activité cyclonique pendant les évènements El Niño et La Niña, nous observons qu'il y a des similarités avec les observations d'Environnement Canada mais qu'il y a aussi des divergences. Aussi, une autre remarque est que la période plus sèche observée pendant El Niño pour les rivières du sud (OM) ne concorde pas à la période avec un apport d'eau moins important constaté en OM.

RÉFÉRENCES

Askelson, M. A., J. P. Aubagnac, and J. M. Straka, 2000: «An Adaptation of the Barnes Filter Applied to the Objective Analysis of Radar Data». *Mon. Wea. Rev.*, **128**, p. 3050-3082.

Barnes, S. L., 1964: «A technique for maximizing details in numerical weather map analysis». *J. Appl. Meteor.*, **3**, p. 396-409.

Bove M., J. B. Elsner, C. W. Landsea, X. Niu, and J.J. O'Brien, 1998: «Effect of El Niño on U.S. landfalling hurricanes». Revisited, *Bull. Am. Met. Soc.*, **79**, p. 2477–2482.

Bradbury, J. A., B. D. Keim, and C. P. Wake, 2003: «The influence of regional storm tracking and teleconnections on winter precipitation in the Northeastern United States». *Annals of the Association of American Geographers*, **93**, p. 544-556.

Cressman, G. P., 1959: «An operational objective analysis system». *Mon. Wea. Rev.*, 87, p. 367-374.

Chan, J.C.L. (1985): «Tropical cyclone activity in the Northwest Pacific in relation to the El Niño / Southern Oscillation phenomenon». *Mon. Wea. Rev.*, **113**, p. 599-606.

Daley, R., 1991: *Atmospheric data analysis*. Cambridge University Press, Cambridge, Royaume-Uni, p. 457.

Demoraes F., 1999: «Etude des conséquences immédiates et à terme des phénomènes associés à un événement El Niño ; Intérêt d'une approche géographique. Faisabilité et perspectives de la recherche en Equateur (1982-98)». Mémoire de maitrise, Université de Savoie, Chambéry, p. 106.

Henderson-Sellers, A., H. Zhang, G. Berz, K. Emanuel, W. Gray, C. Landsea, G. Holland, J. Lighthill, S-L. Shieh, P. Webster, and K. McGuffie, 1998: « Tropical Cyclones and Global Climate Change. ». *Bull. Am. Met. Soc*, **79**, p.19-38.

Hodges, K. I., 1995: «Feature tracking on the Unit Sphere». *Mon. Wea. Rev.*, **123**, p. 3458–3465.

Hodges, K. I., 1996: «Spherical Nonparametric Estimators Applied to the UGAMP Model Integration for AMIP». *Mon. Wea. Rev.*, **124**, p. 2914–2932.

Hodges, K. I., 1999: «Adaptive Constraints for Feature Tracking». *Mon. Wea. Rev.*, **127**, p. 1362–1373.

Hodges, K. I., B. J. Hoskins, J. Boyle, and C. Thorncroft, 2003: «A Comparison of Recent Reanalysis Datasets Using Objective Feature Tracking: Storm Tracks and Tropical Easterly Waves». *Mon. Wea. Rev.*, **131**, 2012–2036.

Holton, J. R., 1992: *An introduction to dynamic meteorology*, 3d ed. Academic Press, 511 p.

Hoskins, B. J., and K. I. Hodges, 2002: «New Perspectives on the Northern Hemisphere Winter Storm-Tracks ». *J. Atmos.* Sci, 59, p. 1041–1061.

Hurrell J., and R. Dickson, 2001: *Climate Variability over the North Atlantic*, Oxford University Press.

Lambert, S. J., 1988: «A cyclone climatology of the Canadian Climate Centre general circulation model». *J. Climate*, **1**, p. 109-115.

Lander, M., 1994 : «An exploratory analysis of the relationship between tropical storm formation in the Western North Pacific and ENSO». *Mon. Wea. Rev.*, **122**, p. 636-651.

Murray, R. J., and I. Simmonds, 1991a: «A numerical scheme for tracking cyclone centres from digital data. Part I: developed and operation of the scheme ». *Aust. Meteor. Mag.* **39**, p. 155–166.

Nicholls, N. (1992): «Recent performance of a method for forecasting Australian seasonal tropical cyclone activity». *Aust. Met. Mag.,* **40**, p. 105-110.

Pauley, P. M., and X. Wu, 1990: «The theoretical, discrete, and actual response of the Barnes objective analysis scheme for one- and two-dimensional fields». *Mon. Wea. Rev.*, **118**, p. 1145-1163.

Rosu, C., and P. Zwack, 2005: «Les caractéristiques des cyclones reflectés dans l'apport d'eau dans les bassins du Québec». *Our-105,* Rapport de recherche - interne, Ouranos.

Salari, V., and I. K. Sethi, 1990: « Feature point correspondence in the presence of occlusion ». *IEEE Trans. PAMI,* **12**, 87–91.

Sinclair, M. R., 2002: «Extratropical Transition of Southwest Tropical Cyclones. Part I: Climatology and Mean Structure Changes», *Mon. Wea. Rev.,* **130**, p. 590– 609.

Sinclair, M. R., and I. G. Watterson, 1999: «Objective Assessment of Extratropical Weather Systems in Simulated climates». J. Climate, 12, p. 3467–3485.

Sinclair, M. R., 1994: «An objective cyclone climatology for the Southern Hemisphere». Mon. Wea. Rev., 122, p. 2239–2256.

Sinclair, M. R., 1997: «Objective identification of cyclones and their circulation intensity and climatology». *Wea. Forecasting,* **12**, p. 595–611.

Sinclair, M. R., 2003: «Storm Track Activity and its Recent Trend as Deduced from Explicit Tracking» Title of a Research Seminar presented at University of Quebec at Montreal, 19 August, 2003.

Stenseth, N., G. Ottersen, J. W. Hurrell, A. Mysterud, M. Lima, K.Chan, N. Yoccoz, and B. Adlandsvik, 2003: *Studying climate effects on ecology through the use of climate indices: the North Atlantic Oscillation, El Niño Southern Oscillation and beyond,* Proc. Roy. Soc. London, p.10.

Schroeder, T.A., and Z. Yu, 1995: «Interannual variability of central Pacific tropical cyclones. Preprints of the 21st Conference on Hurricanes and Tropical Meteorology». Amer. Meteor. Soc., Miami, Florida, 437-439.

Tartaglione, C. S., D. E. Hanley, J. J. O'Brien, and S. R. Smith, 2002: Regional Effects of ENSO on U.S Hurricane Landfalls. COAPS Technical Report 02- 5, Florida State University, Tallahassee, Florida, p. 45. Site internet: Ifremer : (Institut français de recherche pour l'exploitation de la mer) http://www.ifremer.fr/lpo/cours/elnino/index.html

Commonwealth: ftp://ftp.bom.gov.au/anon/home/ncc/www/sco/soi/soiplaintext.html

Environ. Canada: http://www.atl.ec.gc.ca/weather/hurricane

Oui, je veux morebooks!

i want morebooks!

Buy your books fast and straightforward online - at one of world's fastest growing online book stores! Environmentally sound due to Print-on-Demand technologies.

Buy your books online at
www.get-morebooks.com

Achetez vos livres en ligne, vite et bien, sur l'une des librairies en ligne les plus performantes au monde!
En protégeant nos ressources et notre environnement grâce à l'impression à la demande.

La librairie en ligne pour acheter plus vite
www.morebooks.fr

 VDM Verlagsservicegesellschaft mbH
Heinrich-Böcking-Str. 6-8   Telefon: +49 681 3720 174   info@vdm-vsg.de
D - 66121 Saarbrücken   Telefax: +49 681 3720 1749   www.vdm-vsg.de

Printed by Books on Demand GmbH, Norderstedt / Germany